友引が最高！

能津万喜

自由国民社

はじめに

日本の素晴らしいところはどこですか？

この問いに対して、あなたはどう答えますか？

四季があること、豊かな自然、和食があること、おもてなし精神など答えは色々ありますよね。

その中に、**「暦があること」**と答える方は、いったい何名いらっしゃるでしょうか。

おそらく100名中1名いるかどうか。いえ、もっと少ないかもしれません。


暦は英語に訳すと「カレンダー」。

カレンダーの役割は、年月日がわかることですね。

ですので、年月日が記されているだけでも、なんら問題はありません。

でも、日本の暦はカレンダーとちょっと違うのです。年月日だけではなく、気候の変化や植物の様子、農作業における注意喚起、縁起のいい日、注意する日、子どものお祝いの日、神さま・御仏さまへ伺う日など、衣食住のみならず、人生のポイントになることや、日常生活に役立つことまで種々様々なことが記されてあるのです。

私は暦が大好きです。

難しい言葉が並んでいるように思われがちですが、そんなことは全くありません。もちろん、暦の中には陰陽道的な由来のものや、中国の思想が由来のもの、由来自体がはっきりしないものが多々あります。

ですが、その昔、陰陽師などの専門的職の方々が用いていた暦とは違い、**今伝わっている暦は、昔の人々が自分の子孫など、後世の人たちに伝えた方がいいと思ったこと、役に立つ言い伝えがたくさん詰まっている**のです。

年月日がわかるカレンダーは、もちろん生活するのにとても大事。

でも、それだけではなく、**暦を取り入れることで、生活に季節を取り入れるという心の余裕や潤いが生まれます。**


季節を感じるというのは、四つの季節が巡る日本に生まれたことによる特権かもしれません。

日本は四季がある国。

暦はそれをはっきり言葉で教えてくれているのです。


暦を知るということは、日本は素晴らしい国であると改めて思えるツールの1つであり、そんな素晴らしい日本という国に生まれてよかったと思える人が増える原動力にもなると私は考えています。


とはいえ、いきなり暦全部を理解するのは難しく、挫折してしまいます。

それは実にもったいない。暦という宝の持ち腐れになってしまいます。

ということで、本書では、そんなとっつきにくい印象の暦の世界を楽しく、分かりやすく、今の生活に取り入れやすいようにお伝えしています。

また、暦には記載されていないけれども、暦と関係がある行事や出来事なども合わせてお伝えいたします。

こちらを読み終えるころには、暦って楽しい！　意外と簡単！　今日から早速やってみよう！　誰かに話したい！という方が一人でも多くなること。

そして、日本はどんな国ですか？と問われたとき、一人でも多くの方が「暦がある素晴らしい国です」と答えてくれるようになることが、私の喜びであり願いでもあります。

目次

大安　たいあん、だいあん　三九
赤口　しゃっこう、しゃっく　四〇
先勝　さきがち、せんしょう　四〇
友引　ともびき　四一
先負　さきまけ、せんぷ　四二
仏滅　ぶつめつ　四三

第二章 「二十四節気」を知れば健康になる！　四七

立春　りっしゅん　2月4、5日〜　五〇
雨水　うすい　2月18、19日〜　五一
啓蟄　けいちつ　3月5、6日〜　五二
春分　しゅんぶん　3月20、21日〜　五四
清明　せいめい　4月4、5日〜　五六
穀雨　こくう　4月20、21日〜　五七
立夏　りっか　5月5、6日〜　五八

小満　しょうまん　5月21、22日～　五九
芒種　ぼうしゅ　6月5、6日～　六一
夏至　げし　6月21、22日～　六三
小暑　しょうしょ　7月7、8日～　六五
大暑　たいしょ　7月22、23日～　六七
立秋　りっしゅう　8月7、8日～　六九
処暑　しょしょ　8月23、24日～　七〇
白露　はくろ　9月7、8日～　七二
秋分　しゅうぶん　9月23、24日～　七六
寒露　かんろ　10月8、9日～　七九
霜降　そうこう　10月23、24日～　八二
立冬　りっとう　11月7、8日～　八五
小雪　しょうせつ　11月22、23日～　八七
大雪　たいせつ　12月7、8日～　八八
冬至　とうじ　12月21、22日～　九〇
小寒　しょうかん　1月5、6日～　九一
大寒　だいかん　1月20、21日～　九四

第三章 「五節句」は「愛」を知る日！

第三章「五節句」は「愛」を知る日！　九七
人日の節句　1月7日　一〇三
上巳の節句　3月3日　一〇四
端午の節句　5月5日　一〇六
七夕の節句　7月7日　一〇七
重陽の節句　9月9日　一〇八
第四章「雑節」は「感謝」する日！　一一一
節分 せつぶん　一一三
彼岸 ひがん　一一八
社日 しゃにち〈しゃじつ〉　一二一
八十八夜 はちじゅうはちや　一二三

第五章 「選日」は究極の「縁起担ぎ」！　一四一

序章
和暦について

はじめにもお伝えいたしましたように、暦には色々なことが記載されています。そちらをご説明する前に、そもそも、日本の暦、和暦とはどういったものなのか。そして、和暦と切っても切れない関係の元号についてまずはお伝えいたしますね。

そもそも「和暦」ってなに？

ざっくりいうと、元号とその元号になって何年目かを併記した日本独自の年の数え方になります。

この本が発行された年、西洋暦グレゴリオ暦でいう２０１９年を和暦で表すと、４月30日までは元号が「平成」でしたので平成31年、５月１日以降は元号が「令和」ですので令和元年となります。

元号に数字をくっつけたもの、つまり「平成31年」「令和元年」が和暦《われき》になります。

元号といえば、２０１８年に上皇陛下がご譲位を発表されたときからにわかに元号に注目が集まりましたね。

どういった元号になるのか様々な予想がされる中、２０１９年４月１日に新元号「令和」が発表され、空前の新元号ブーム・令和ブームとなりました。

ではここで改めて、**元号**というものについて、少しだけ詳しく解説させていただきますね。

元号は「年号」とも呼ばれており、特定の時期に付ける称号のことです。

元号と年号は、一般的には同じ扱いですが、歴史的には違う見解がなされる場合もあります。しかし、歴史的見解や国語学としての見解などは色々ありますし、本書でそういったことを詳しくお伝えすることは、本筋から外れますので控えさせていただきますね。

話を元号に戻しますと、明治時代に一世一元の制という、天皇お一人につき一つの元号を使う制度となりましたので、明治以降は、明治・大正・昭和・平成の4つ、こちらに令和を加えて5つの元号が使われています。

最初の元号「大化」から新元号の令和までの元号の総数は248。

一方、天皇は今上天皇で126代目になります。

元号のほうが圧倒的に多いのは、在位中に何度も元号を変える天皇が多くいらしたということですね。

元号を変えることを**『改元《かいげん》』**といいます。

幕末までは、今回のような皇位継承による改元である代始《だいし》改元のほかに、いいことがあった記念に改元する祥瑞《しょうずい》改元、逆に天災・疫病などあまりよくないことが続くと改元する災異《さいい》改元、古代中国の思想による革年《かくねん》改元などがありました。

例えば皇位継承によって代始改元した翌年、すごくいいことがあったので祥瑞改元する、ということも多々ありましたので、一天皇で2つの元号を使用するということは当たり前にあったということですね。

また、今回のように一年の途中で改元することは珍しいことではなく、むしろ、当初検討されていた1月1日の改元のほうが珍しいのです。

それは、元旦は宮中行事が多く、即位の儀式を遂行するのは難しいことが一番の理由ですね。

歴史的に意味が深い元号ですが、もともと日本のオリジナル作品ではなく、発祥は中国になります。

そのため、元号を決める時は中国の書物を参考にすることがほとんどでした。

一方、新元号の『令和』は、元号で初めて万葉集をベースにされたと発表がありましたね。

個人的には、出典となった万葉集が好きなので、それだけでも嬉しいのですが、大伴旅人《おおとものたびと》が作った歌ということも、私の中ではとても嬉しいポイントでした。

といいますのも、大伴旅人は大のお酒好き。お酒好きが高じて、自分はいっそ酒壺になりたい！と、歌に詠んだほどの人なんです。

令和には、人々が美しく心を寄せ合う中で、文化が生まれ育つという意味が込められております。

この、政府発表の意味合いに加え、これから始まる令和の時代が、誰もが大伴旅人のごとく好きなものを好きだ！といえる、そしてそれをお互いに認め合えるような寛容で和やかな社会であることを願ってやみません。

元号こぼれ話

元号は、中国の文献を参照にして作成された、と前記しましたが、実は先に元号を作って、その意味としてそれっぽいものを探した、というケースもあるとか。

ということで、意外と知らない元号についてお伝えします。

これを読むと、元号がもっと身近に感じられることでしょう。

これで完璧？元号Q&A

最長の元号は？


断トツに長いのは、おなじみ「昭和」です。

１９２６年12月26日～１９８９年１月７日で、実に62年と14日間となります。

次に長いのは「明治」で、43年９か月。

この２つの元号は、一世一元制導入後になります。

明治以前で見ると、「応永《おうえい》」。こちらは１３９４年から33年10か月続きました。

ちなみにですが、「昭和」は中国王朝などのすべての元号の中でも、最長の元号なのです。


最短の元号は？


最長があれば最短がありますね。

62年と14日間という長い年月使われ続けた「昭和」に対し、「朱鳥《しゅちょう》」という元号は、たった2か月しか使われませんでした。

ただ、この「朱鳥」は最初の元号とされる「大化」などとともに、本当に制定されていたのか疑問視されています。

二番目に短い元号は「天平感宝《てんぴょうかんぽう》」で、2か月と15日とされています。

一番多く使われた漢字は？

248も存在する元号。当たり前ですが、一つとして同じものがありません。

でもよく見ると、同じような漢字が繰り返し採用されています。

最も多く使われた漢字は「永」の29回、続いて「天」「元」の27回と続きます。

私が個人的に意外だと思ったのは、「光」や「広」という漢字が一度も採用されていないことです。

祥瑞改元、どんないいことがあった？

分かりやすいのは、出来事がそのまま元号になっている「白雉《はくち》」「朱鳥《しゅちょう》」「霊亀《れいき》」「神亀《じんき》」「宝亀《ほうき》」ですね。

「白雉」は、白いキジが、「朱鳥」は赤いキジが、そして亀の3つは亀が献上されたことにともないます。

また「和銅《わどう》」は、銅が出たことを記念して名付けられました。

祥瑞改元は古代から奈良時代、平安初期まではよく使われていましたが、877年の「元慶《がんぎょう》」を最後に祥瑞改元はなくなっています。

この時期は、日本が独立国家としての形態が成り立ってきた時期と重なるので、そういったことも関係しているのかもしれませんね。

なぜ元号は漢字二文字？

昭和54年、大平内閣で定められた元号法によって「漢字二文字であること」と決められているからです。

特に定めがなかった時代も漢字二文字がほとんどですが、奈良時代には漢字四文字の元号が5つだけ採用されていました。

天平感宝、天平勝宝、天平宝字、天平神護、神護景雲

なんだかかっこいいですね。

元号一覧

古代

645~650**大化**たいか・代始改元・孝徳天皇

650~654**白雉**はくち・祥瑞改元・孝徳天皇

655~685年号なし

686**朱鳥**しゅちょう・祥瑞改元・天武天皇

687~700年号なし

701~704**大宝**たいほう・祥瑞改元・文武天皇

704~708**慶雲**きょううん・祥瑞改元・文武天皇

奈良時代

710~794

708~715**和銅**わどう・代始改元・祥瑞改元・元明天皇

715~717**霊亀**れいき・代始改元・祥瑞改元・元正天皇

717~724**養老**ようろう・祥瑞改元・元正天皇

724~729**神亀**じんき・代始改元・祥瑞改元・聖武天皇

729~749**天平**てんぴょう・祥瑞改元・聖武天皇

749**天平感宝**てんぴょうかんぽう・祥瑞改元・聖武天皇

749~757**天平勝宝**てんぴょうしょうほう・代始改元・孝謙天皇

757~765**天平宝字**てんぴょうほうじ・祥瑞改元・孝謙天皇、淳仁天皇、称徳天皇

765~767**天平神護**てんぴょうじんご・代始改元・称徳天皇

767~770**神護景雲**じんごけいうん・祥瑞改元・称徳天皇

770~780**宝亀**ほうき・代始改元・祥瑞改元・光仁天皇

781~782**天応**てんおう・祥瑞改元・光仁天皇、桓武天皇

平安時代

794~1185〈1192〉

782~806**延暦**えんりゃく・代始改元・桓武天皇

806~810**大同**だいどう・代始改元・平城天皇

810~824**弘仁**こうにん・代始改元・嵯峨天皇

824~834**天長**てんちょう・代始改元・淳和天皇

834~848**承和**じょうわ・代始改元・仁明天皇

848~851**嘉祥**かしょう・祥瑞改元・仁明天皇

851~854**仁寿**にんじゅ・代始改元、祥瑞改元・文徳天皇

854〜857**斉衡**さいこう・祥瑞改元・文徳天皇
857〜859**天安**てんあん・祥瑞改元・文徳天皇
859〜877**貞観**じょうがん・代始改元・清和天皇
877〜885**元慶**がんぎょう・代始改元、祥瑞改元・陽成天皇
885〜889**仁和**にんな・代始改元・光孝天皇
889〜898**寛平**かんぴょう・代始改元・宇多天皇
898〜901**昌泰**しょうたい・代始改元・醍醐天皇
901〜923**延喜**えんぎ・革年改元・醍醐天皇
923〜931**延長**えんちょう・災異改元・醍醐天皇
931〜938**承平**じょうへい・代始改元・朱雀天皇
938〜947**天慶**てんぎょう・災異改元・朱雀天皇
947〜957**天暦**てんりゃく・代始改元・村上天皇
957〜961**天徳**てんとく・災異改元・村上天皇
961〜964**応和**おうわ・災異改元、革年改元・村上天皇
964〜968**康保**こうほう・災異改元、革年改元・村上天皇
968〜970**安和**あんな・代始改元・冷泉天皇
970〜973**天禄**てんろく・代始改元・円融天皇
973〜976**天延**てんえん・災異改元・円融天皇
976〜978**貞元**じょうげん・災異改元・円融天皇
978〜983**天元**てんげん・災異改元・円融天皇
983〜985**永観**えいかん・災異改元・円融天皇
985〜987**寛和**かんな・代始改元・花山天皇
987〜989**永延**えいえん・代始改元・一条天皇
989〜990**永祚**えいそ・災異改元・一条天皇
990〜995**正暦**しょうりゃく・災異改元・一条天皇
995〜999**長徳**ちょうとく・災異改元・一条天皇
999〜1004**長保**ちょうほ・災異改元・一条天皇
1004〜1012**寛弘**かんこう・災異改元・一条天皇
1012〜1017**長和**ちょうわ・代始改元・三条天皇
1017〜1021**寛仁**かんにん・代始改元・後一条天皇
1021〜1024**治安**ちあん〈ぢあん〉・革年改元・後一条天皇
1024〜1028**万寿**まんじゅ・革年改元・後一条天皇
1028〜1037**長元**ちょうげん・災異改元・後一条天皇
1037〜1040**長暦**ちょうりゃく・代始改元・後朱雀天皇

１０４０〜１０４４**長久**ちょうきゅう・災異改元・後朱雀天皇

１０４４〜１０４６**寛徳**かんとく・災異改元・後朱雀天皇

１０４６〜１０５３**永承**えいしょう・代始改元・後冷泉天皇

１０５３〜１０５８**天喜**てんぎ・災異改元・後冷泉天皇

１０５８〜１０６５**康平**こうへい・災異改元・後冷泉天皇

１０６５〜１０６９**治暦**ちりゃく・災異改元・後冷泉天皇

１０６９〜１０７４**延久**えんきゅう・代始改元・後三条天皇

１０７４〜１０７７**承保**じょうほう・代始改元・白河天皇

１０７７〜１０８１**承暦**じょうりゃく・災異改元・白河天皇

１０８１〜１０８４**永保**えいほ・革年改元・白河天皇

１０８４〜１０８７**応徳**おうとく・革年改元・白河天皇

１０８７〜１０９４**寛治**かんじ・代始改元・堀河天皇

１０９４〜１０９６**嘉保**かほう・災異改元・堀河天皇

１０９６〜１０９７**永長**えいちょう・災異改元・堀河天皇

１０９７〜１０９９**承徳**じょうとく・災異改元・堀河天皇

１０９９〜１１０４**康和**こうわ・災異改元・堀河天皇

１１０４〜１１０６**長治**ちょうじ・災異改元・堀河天皇

１１０６〜１１０８**嘉承**かじょう・災異改元・堀河天皇

１１０８〜１１１０**天仁**てんにん・代始改元・鳥羽天皇

１１１０〜１１１３**天永**てんえい・災異改元・鳥羽天皇

１１１３〜１１１８**永久**えいきゅう・災異改元・鳥羽天皇

１１１８〜１１２０**元永**げんえい・災異改元・鳥羽天皇

１１２０〜１１２４**保安**ほうあん・災異改元・鳥羽天皇

１１２４〜１１２６**天治**てんじ・代始改元・崇徳天皇

１１２６〜１１３１**大治**だいじ・災異改元・崇徳天皇

１１３１〜１１３２**天承**てんしょう・災異改元・崇徳天皇

１１３２〜１１３５**長承**ちょうしょう・災異改元・崇徳天皇

１１３５〜１１４１**保延**ほうえん・災異改元・崇徳天皇

１１４１〜１１４２**永治**えいじ・革年改元・崇徳天皇

１１４２〜１１４４**康治**こうじ・代始改元・近衛天皇

１１４４〜１１４５**天養**てんよう・革年改元・近衛天皇

１１４５〜１１５１**久安**きゅうあん・災異改元・近衛天皇

１１５１〜１１５４**仁平**にんぴょう・災異改元・近衛天皇

１１５４〜１１５６**久寿**きゅうじゅ・災異改元・近衛天皇

１１５６〜１１５９**保元**ほうげん・代始改元・後白河天皇

１１５９〜１１６０**平治**へい

（前頁より）じ・代始改元・二条天皇

１１６０～１１６１**永暦**えいりゃく・災異改元・二条天皇

１１６１～１１６３**応保**おうほ・災異改元・二条天皇

１１６３～１１６５**長寛**ちょうかん・災異改元・二条天皇

１１６５～１１６６**永万**えいまん・災異改元・二条天皇

１１６６～１１６９**仁安**にんあん・代始改元・六条天皇

１１６９～１１７１**嘉応**かおう・代始改元・高倉天皇

１１７１～１１７５**承安**じょうあん・災異改元・高倉天皇

１１７５～１１７７**安元**あんげん・災異改元・高倉天皇

１１７７～１１８１**治承**じしょう・災異改元・高倉天皇

１１８１～１１８２**養和**ようわ・代始改元・安徳天皇

１１８２～１１８５**寿永**じゅえい・災異改元・安徳天皇

１１８４～１１８５**元暦**げんりゃく・代始改元・後鳥羽天皇

１１８５～１１９０**文治**ぶんじ・災異改元・後鳥羽天皇

鎌倉時代

１１８５〈１１９２〉～１３３３

１１９０～１１９９**建久**けんきゅう・災異改元・後鳥羽天皇

１１９９～１２０１**正治**しょうじ・代始改元・土御門天皇

１２０１～１２０４**建仁**けんにん・革年改元・土御門天皇

１２０４～１２０６**元久**げんきゅう・革年改元・土御門天皇

１２０６～１２０７**建永**けんえい・災異改元・土御門天皇

１２０７～１２１１**承元**じょうげん・災異改元・土御門天皇

１２１１～１２１３**建暦**けんりゃく・代始改元・順徳天皇

１２１３～１２１９**建保**けんぽ・災異改元・順徳天皇

１２１９～１２２２**承久**じょうきゅう・災異改元・順徳天皇

１２２２～１２２４**貞応**じょうおう・代始改元・後堀河天皇

１２２４～１２２５**元仁**げんにん・災異改元・後堀河天皇

１２２５～１２２７**嘉禄**かろく・災異改元・後堀河天皇

１２２７～１２２９**安貞**あんてい・災異改元・後堀河天皇

１２２９～１２３２**寛喜**かんぎ・災異改元・後堀河天皇

１２３２～１２３３**貞永**じょうえい・災異改元・後堀河天皇

１２３３～１２３４**天福**てんぷく・代始改元・四条天皇

１２３４～１２３５**文暦**ぶんりゃく・災異改元・四条天皇

１２３５～１２３８**嘉禎**かてい・災異改元・四条天皇

１２３８～１２３９**暦仁**りゃくにん・災異改元・四条天皇

１２３９～１２４０**延応**えんおう・災異改元・四条天皇

1240~1243**仁治**にんじ・災異改元・四条天皇
1243~1247**寛元**かんげん・代始改元・後嵯峨天皇
1247~1249**宝治**ほうじ・代始改元・後深草天皇
1249~1256**建長**けんちょう・災異改元・後深草天皇
1256~1257**康元**こうげん・災異改元・後深草天皇
1257~1259**正嘉**しょうか・災異改元・後深草天皇
1259~1260**正元**しょうげん・災異改元・後深草天皇
1260~1261**文応**ぶんおう・代始改元・亀山天皇
1261~1264**弘長**こうちょう・革年改元・亀山天皇
1264~1275**文永**ぶんえい・革年改元・亀山天皇
1275~1278**建治**けんじ・代始改元・後宇多天皇
1278~1288**弘安**こうあん・災異改元・後宇多天皇
1288~1293**正応**しょうおう・代始改元・伏見天皇
1293~1299**永仁**えいにん・災異改元・伏見天皇
1299~1302**正安**しょうあん・代始改元・後伏見天皇
1302~1303**乾元**けんげん・代始改元・後二条天皇
1303~1306**嘉元**かげん・災異改元・後二条天皇
1306~1308**徳治**とくじ・災異改元・後二条天皇
1308~1311**延慶**えんきょう・代始改元・花園天皇
1311~1312**応長**おうちょう・災改元・花園天皇
1312~1317**正和**しょうわ・災異改元・花園天皇
1317~1319**文保**ぶんぽ・災異改元・花園天皇
1319~1321**元応**げんおう・代始改元・後醍醐天皇
1321~1324**元亨**げんこう・革年改元・後醍醐天皇
1324~1326**正中**しょうちゅう・革年改元・災異改元・後醍醐天皇
1326~1329**嘉暦**かりゃく・災異改元・後醍醐天皇

南北朝時代
1331~1392

1329~1331**元徳**げんとく・大覚寺統・災異改元・後醍醐天皇
1329~1332同上・持明院統
1331~1334**元弘**げんこう・大覚寺統・災異改元・後醍醐天皇
1332~1333**正慶**しょうきょう・持明院統・代始改元・光厳天皇
1334~1336**建武**けんむ・南朝・特別改元・後醍醐

天皇
1334~1338・北朝・特別改元・光厳天皇、光明天皇

南朝

1336~1340**延元**えんげん・特別改元・後醍醐天皇
1340~1346**興国**こうこく・代始改元・後村上天皇
1346~1370**正平**しょうへい・改元理由不明・後村上天皇
1370~1372**建徳**けんとく・代始改元・長慶天皇
1372~1375**文中**ぶんちゅう・改元理由不明・長慶天皇
1375~1381**天授**てんじゅ・災異改元・長慶天皇
1381~1384**弘和**こうわ・革年改元・長慶天皇
1384~1392**元中**げんちゅう・代始改元・後亀山天皇

北朝

1338~1342**暦応**りゃくおう・代始改元・光明天皇
1342~1345**康永**こうえい・災異改元・光明天皇
1345~1350**貞和**じょうわ・災異改元・光明天皇
1350~1352**観応**かんのう・代始改元・崇光天皇
1352~1356**文和**ぶんな・代始改元・後光厳天皇
1356~1361**延文**えんぶん・災異改元・後光厳天皇
1361~1362**康安**こうあん・災異改元・後光厳天皇
1362~1368**貞治**じょうじ・災異改元・後光厳天皇
1368~1375**応安**おうあん・災異改元・後光厳天皇
1375~1379**永和**えいわ・代始改元・後円融天皇
1379~1381**康暦**こうりゃく・災異改元・後円融天皇
1381~1384**永徳**えいとく・革年改元・後円融天皇
1384~1387**至徳**しとく・代始改元・革年改元・後小松天皇
1387~1389**嘉慶**かけい・災異改元・後小松天皇
1389~1390**康応**こうおう・災異改元・後小松天皇
1390~1394**明徳**めいとく・災異改元・後小松天皇

室町時代

1392~1573

1394~1428**応永**おうえい・災異改元・後小松天皇
1428~1429**正長**しょうちょう・代始改元・称光天皇
1429~1441**永享**えいきょう代始改元・後花園天皇
1441~1444**嘉吉**かきつ・革年改元・後花園天皇
1444~1449**文安**ぶんあ

ん革年改元・後花園天皇

１４４９～１４５２**宝徳**ほうとく・災異改元・後花園天皇

１４５２～１４５５**享徳**きょうとく・厄除け改元・後花園天皇

１４５５～１４５７**康正**こうしょう・災異改元・後花園天皇

１４５７～１４６０**長禄**ちょうろく・災異改元・後花園天皇

１４６０～１４６６**寛正**かんしょう・災異改元・後花園天皇

１４６６～１４６７**文正**ぶんしょう・代始改元・後土御門天皇

１４６７～１４６９**応仁**おうにん・災異改元・後土御門天皇

１４６９～１４８７**文明**ぶんめい・災異改元・後土御門天皇

１４８７～１４８９**長享**ちょうきょう・災異改元・後土御門天皇

１４８９～１４９２**延徳**えんとく・災異改元・後土御門天皇

１４９２～１５０１**明応**めいおう・災異改元・後土御門天皇

１５０１～１５０４**文亀**ぶんき・革年改元・後柏原天皇

１５０４～１５２１**永正**えいしょう・革年改元・後柏原天皇

１５２１～１５２８**大永**たいえい・災異改元・後柏原天皇

１５２８～１５３２**享禄**きょうろく・災異改元・後奈良天皇

１５３２～１５５５**天文**てんぶん・災異改元・後奈良天皇

１５５５～１５５８**弘治**こうじ・災異改元・後奈良天皇

１５５８～１５７０**永禄**えいろく・代始改元・正親町天皇

１５７０～１５７３**元亀**げんき・災異改元・正親町天皇

安土桃山時代

１５７３～１６０３

１５７３～１５９２**天正**てんしょう・災異改元・正親町天皇

１５９２～１５９６**文禄**ぶんろく・代始改元・後陽成天皇

江戸時代

１６０３～１８６７

１５９６～１６１５**慶長**けいちょう・災異改元・後陽成天皇

１６１５～１６２４**元和**げんな・代始改元・後水尾天皇

１６２４～１６４４**寛永**かんえい・革年改元・後水尾天皇

１６４４～１６４８**正保**しょうほう・代始改元・後光明天皇

１６４８～１６５２**慶安**けいあん・特別改元・後光明天皇

１６５２～１６５５**承応**じょうおう・災異改元・後光明天皇

１６５５～１６５８**明暦**めいれき・代始改元・後西天皇

１６５８～１６６１**万治**まんじ・災異改元・後西天皇

1661~1673**寛文**かんぶん・災異改元・後西天皇
1673~1681**延宝**えんぽう・災異改元・霊元天皇
1681~1684**天和**てんな・革年改元・霊元天皇
1684~1688**貞享**じょうきょう・革年改元・霊元天皇
1688~1704**元禄**げんろく・代始改元・東山天皇
1704~1711**宝永**ほうえい・代始改元・中御門天皇※
1711~1716**正徳**しょうとく・代始改元・中御門天皇
1716~1736**享保**きょうほう・災異改元・中御門天皇
1736~1741**元文**げんぶん・代始改元・桜町天皇
1741~1744**寛保**かんぽう・革年改元・桜町天皇
1744~1748**延享**えんきょう・革年改元・桜町天皇
1748~1751**寛延**かんえん・代始改元・桃園天皇
1751~1764**宝暦**ほうれき・災異改元・桃園天皇
1764~1772**明和**めいわ・代始改元・後桜町天皇
1772~1781**安永**あんえい・災異改元・後花園天皇
1781~1789**天明**てんめい・代始改元・光格天皇
1789~1801**寛政**かんせい・改元理由不明・光格天皇
1801~1804**享和**きょうわ・革年改元・光格天皇
1804~1818**文化**ぶんか・革年改元・光格天皇
1818~1830**文政**ぶんせい・代始改元・仁孝天皇
1830~1844**天保**てんぽう・災異改元・仁孝天皇
1844~1848**弘化**こうか・災異改元・仁孝天皇
1848~1854**嘉永**かえい・代始改元・孝明天皇
1854~1860**安政**あんせい・災異改元・孝明天皇
1860~1861**万延**まんえん・災異改元・孝明天皇
1861~1864**文久**ぶんきゅう・革年改元・孝明天皇
1864~1865**元治**げんじ・革年改元・孝明天皇
1865~1868**慶応**けいおう・災異改元・孝明天皇

明治以降

1868~1912**明治**めいじ・代始改元・明治天皇
1912~1926**大正**たいしょう・代始改元・大正天皇
1926~1989**昭和**しょうわ・代始改元・昭和天皇
1989~2019**平成**へいせい・代始改元・上皇陛下
2019~**令和**れいわ・代始改元・今上天皇

元号のことだけで1冊終わってしまいそうなので、そろそろ本題に入らなければいけませんね。

まずは、日ごろよく見聞きする日にまつわる言葉やその意味などをお話しいたします。

これらの言葉の意味を知っておかれるだけでも、暦に対する意識が変わります。

と、その前にもう一つ。

本書では、**「暦注《れきちゅう》」**という言葉をしばしば使います。

暦注とは、昔の暦の注意事項を指す言葉ですが、広い意味では、暦に記されている事項を全て暦注という場合もあります。

本書ではこちらの解釈を用いさせていただきますので、ご了承くださいますようお願いいたします。

暦の基本の言葉を知ろう

お日柄《ひがら》

「本日はお日柄もよく……」

この言葉を耳にされたことはありませんか？

スピーチの冒頭や、お見合いの席でよく言われるイメージですよね。

一度は聞いたことがあり、なんとなく知っている言葉の代表かもしれません。

「お日柄」とは、その日だけの吉凶のことを指します。

ですので「お日柄もよく」だけではなく「お日柄も悪く」というご挨拶もあり得なくはないです。

とはいえ、縁起の悪い日をわざわざ選んで何かする人はいませんよね。

「お日柄も……」という言葉を言うとき、または聞いた日は、１００パーセントいい日なのです。

余談ですが、独特な言葉遣いをする宮中の女房詞では、「お日柄」といえば祥月命日《しょうつきめいにち》＝亡くなった日のことになるんですよ。

時代劇がお好きな方はチェックされてみると面白いかもしれませんね。

吉日《きちじつ》

書いて字のごとく吉の日。ラッキーデーですね。

冠婚葬祭、地鎮祭など、何事を行うにも良いとされている日です。

ご案内状や配布書類などでは吉日単独で使われることもありますが、そのほかの時は「大安吉日」とされることが多いですね。

厄日《やくび》

いかにも何か怖いことが起こりそうな漢字表記で、13日の金曜日のような印象を受けますね。

厄日は、そもそも農作業で自然災害が起こりやすい日のことなのです。

二百十日《にひゃくとおか》・二百二十日《にひゃくはつか》・八朔《はっさく》、こちらの3日が三大厄日とされています。

今でも、台風などの被害が多い時期ですね。

また、陰陽道では災難に合いやすい日を厄日と言っています。

*　*　*

以上、暦を知る上で基本的な言葉のいくつかをお伝えいたしました。

次からいよいよ、本題の暦のお話になります。

第一章
縁起担ぎの基本の「き」六曜について

まず第一章では、縁起担ぎの定番中の定番といってもよいでしょう、「六曜」についてお伝えさせていただきます。

六曜
ろくよう、りくよう

六曜は昔から存在してはいましたが、今のように一般的に使われるようになったのは明治以降という、一般庶民にとっては、比較的なじみの浅い暦注なのです。

明治時代に改暦され七曜日月火水木金土との混同を避けるために六曜もしくは六輝《ろっき》といわれるようになったといわれています。

一般的に縁起のいい日を決める時は、この六曜を採用することがスタンダードだとは思うのですが、実はこの六曜。

起源はよくわからないことが多いのです。

江戸時代の官暦（公に使われていた暦）はもちろん、民間暦の記載もないようですし、1枚物の簡単な暦に記載されているぐらいの扱いで、それらを併せて考えると、今の曜日と同じように、6日ワンクールとして日数を数えるために存在していたのではないかと思われるのです。

「孔明六曜日繰」と記載されたものがありますので、三国志でおなじみの諸葛孔明が考案し、戦略を立てたところ全て成功したという説があるにはあります。

楽しい推察なのですが、こちらはこじつけのようですね。

とはいえ、中国が由来のものということは間違いないようですね。

中国では六壬時課《りくじんじんか》などといわれ、時刻の吉凶鑑定に使われていました。

それがどうやって日本に伝わり、なぜ今のように日にちの縁起担ぎに使われたのか未だに解明されていませんが、江戸時代の終わりごろから暦注として記載され始め、少しずつ流行り始めました。

そして、明治時代に太陽暦が実施されると、この六曜だけが急にクローズアップされ、大ぴらに使われだしました。

第二次世界大戦後からは大流行となり、現在に至っている、というのが現状なのです。

特に、昭和34年4月10日、現・上皇陛下と上皇后陛下、当時の皇太子殿下と美智子さまのご成婚式が大安だったことから、皇室も大安を用いているということで、さらに流行したという背景もありますね。


そういう意味では、六曜は迷信である、といえばそれまでなのですが、あまりそういうことを言い立てるのも角が立つのではないでしょうか。

科学的根拠や文献などでの立証はできませんが、古来から人々が暮らしの中で培った生活の知恵という考えが一番しっくりきます。

そんな六曜。

案外一つ一つの言葉の読み方や意味をご存じないのではないでしょうか？

ということで、ここでは六曜を一つ一つ解説させていただきます。

大安

たいあん、だいあん

そもそもは**泰安**と記載されていたことから「たいあん」と読む方が本来の読み方に即しているかもしれませんね。

基本的に、いつ、何事をするにも差しさわりがない日とされています。

大安吉日という言葉があるように、何もかも滞りなく事が進むという認識が一般的ですよね。

でも、実は、大きく安らか、という字が表すように、物事のピークの状態。

新しく事を起こすより、現状維持がベストなんですよ。

ですので、大安までに物事の計画を立てたり、実際に行動を起こしたりして、大安の日には、その結果を受け取るだけの状態に持っていくということの方がおすすめですね。

赤口　しゃっこう、しゃっく

赤口は陰陽道で凶日とされていて、そのまま六曜にも用いられています。

赤という字のイメージから、火の元に気を付ける、刃物を扱う人にとっては要注意とされていました。

いずれにしましても凶日になるのですが、11時から13時の間だけは吉、というややこしい性格をもっています。

どうしてもこの日にしなければいけないことは、正午前後にされるといいですね。

先勝　さきがち、せんしょう

何かするなら午前中がいいですよ、という意味で「先に勝つ」です。

もとは**速喜**、**則吉**と記載されていたことから、先手必勝、早ければ早いほど幸運が舞い込むとされていました。

そのため、今でも先勝の日は、万事に急ぐとよい、とされていることが多いのですが、あまり急ぐことを意識してしまうと焦りを呼びますよね。

午前中に行動を起こす、ぐらいに考えている方が焦らず判断ミスが軽減されるのではないでしょうか。

友引《ともびき》

勝負のつかない日とされていたり、ある方角に事を行うと凶になるという考えもあるのですが、それは陰陽道の「友曳日」と混同されているようですね。現在ではこの考えはほとんど知られていません。

また、友を引くという考えから葬儀・法事を行うことと、正午に何かを起こすことは避けるとされています。

逆に言うと、これ以外は何をするにも良いとされていますし、何より友を引く、周りの人と何かをなす、影響がある、と考えられることから、現状維持の大安、とにかく急ぐと吉の先勝も悪くはないのですが、**何か事を起こすのには一番縁起の良い日**と考えています。

先負 さきまけ、せんぷ

先勝とは真逆で、先ずれば負けるという意味があります。

もともと**小吉・周吉**と記載されていた時は、大吉の次に良い日とされていましたが、今の意味になったのは、先負という表記になったからかと思われます。

このことから、急用や訴訟を含めた勝負事は控えた方がよいでしょう。

また、こちらからことを起こすのではなく待つ方がよい日、先に進めない方が吉とされているので、お見合いパーティーといった婚活や合コンなどにもあまりおすすめではないですね。

仏滅
ぶつめつ

当然ながら、仏さまの命日ではありません。

もともとは**物滅**とされていたのですが、いつの間にか仏滅となりました。

この日は基本的に何事もうまくいかない、六曜の中で一番の大凶日とされています。

また、この日に病気の症状を感じると長引くとされています。

ただ仏という字が入っているので、なんとなく仏様事はよいようなイメージがあり、葬儀や法事にはよいと考える場合が多いですね。


こんな考え方もあり？


結婚式や結納の日取りを決める時、仏滅を選ぶ人は非常に少ないですよね。

でも、長い結婚生活を考えると、結婚式や結納をゴールとせず、ここがスタートとし、ゼロから二人で築いていく意思表明の日と考えるならば、仏滅も一つの選択肢になるのではないでしょうか。

ただその時、招待客がいる場合は、一言その旨を添えておく方がいいですね。

世間一般的なことではない選択をした場合、特に冠婚葬祭にまつわるときは、自分たちのために時間とお金を割いてわざわざいらしてくださるのですから、招かれる側の気持ちも考える必要性があります。

例えば、仏滅に結婚式をされるのでしたら、事前に、仏滅が縁起の悪い日だとわかっている。でも、この日をスタートとして、二人で家庭を一つ一つ築いていきたい、というような一言を添えることにより、招待客の方々が不快に感じたり、お祝いする気持ちが萎えることがありません。

むしろ、新郎・新婦の株が上がることが多いのです。

六曜のサイクル切り替わり時期

六曜には決まったサイクルがありますが、それが急に変わるときがあります。

旧暦の朔日《ついたち》が切り替え時となりますので、気になる日は前もってチェックされた方がいいですね。
サイクル変更時期と、その六曜を次に記しておきますので、ご参考になさってください。

六曜サイクル切り替え月と六曜種別

一月・七月▼先勝
二月・八月▼友引
三月・九月▼先負
四月・十月▼仏滅
五月・十一月▼大安
六月・十二月▼赤口

第二章 「二十四節気」を知れば健康になる！

二十四節気とは

「にじゅうしせっき」と読み、旧暦の中で、季節を知るための手がかりや目安にされていたものです。

まずは、どのように季節を二十四に分けたのかを簡単にお伝えしますね。

旧暦というと、なんとなく月の動きを軸に考えるようなイメージがありますが、二十四節気は太陽の軌道を軸に考えます。

朔旦冬至《さくたんとうじ》といい、冬至を元旦とする考え方が中国にありました。

その名残で二至二分では冬至を起点とします。

冬至とその真向かいにある夏至で、まず一年を半分に分けます。

その半分をそれぞれの中間地点の春と秋でさらに半分に分けます。

これで1年を4分割できました。

この《冬至・夏至・春分・秋分》を総称したものを二至二分《にしにぶん》といいます。

次に、4つの季節のそれぞれ真ん中の日に四立《しりゅう》、つまり立春・立夏・立秋・立冬をおき、季節はこれで8分割されました。

8等分された季節をさらにだいたい15日ずつに分けると24分割されまして、こちらを二十四節気と呼んでいます。


さて、この二十四節気。

先ほどもお伝えいたしました通り、季節を知るためのものとして、農作業はもちろん、その他の産業でもお仕事の目安に使われていましたが、それだけではありません。

季節の移り変わりを表したものだけに、その時期特有の身体への影響や不調改善の手がかりが分かります。

つまり、暦は健康管理、体調管理のためにも使うことができるということですね。

ということで、こちらの章では、二十四節気それぞれの簡単な説明と、その時期の効果的な体のお手入れ方法をお伝えします。

健康第一という言葉があるように、健康でいるに越したことはありません。

また、こういった季節の流れと体調が関係していることと、不調になったときのお手当方法を知っていると、体調を崩してしまったとしてもちょっと安心ですよね。

春の節気　春の六候

立春

りっしゅん　2月4、5日〜

二十四節気は立春から始まります。

立春とは「この日から春ですよ」という日なのです。

でも、2月の上旬は、一年中で一番寒い時期ですよね。

『暦の上では春ですが、まだまだ寒い日が続きます』

という言葉が気象予報だけではなく、そこかしこで飛び交います。

この時期は、一年で一番乾燥が激しい時期になりますね。

そのためお肌が乾燥しがち。手荒れもひどくなりやすいので、手洗いうがい、水分補給とともに、潤いケアを心がけるようにしましょう。

なお、お肌の乾燥予防としてマスクをつける方も多いようですが、これは逆効果。マスクは喉のケアなどには効果的ですが、お肌の乾燥予防にはなりません。

むしろ乾燥してしまいますのでご注意くださいね。

雨水　うすい　2月18、19日～

♪雨は夜更け過ぎに、雪へと変わる……

のではなく、逆に雪から雨に変わるころ。

気温が少しずつ上がってきて、日差しが温かく感じられる日もありますね。

乾燥した空気が少しづつ潤いを帯びてくるので喉が楽になってきますし、お肌も潤いが出てきますのでお化粧ののりもよくなります。

このころ、新作の口紅がよく発表されますよね。

口紅の色を変えると、運氣が変わりやすいってご存知でしたか？

暦の上での新年が始まったこの時期は、変化の時期でもあります。

新しい口紅にして、ご自身のビジュアルを変化させることは、新たな自分の魅力を発見し（これも非常に大切です‼）、新たな運氣の流れを呼びよせることにつながりますよ。

啓蟄
けいちつ　3月5、6日～

寒い冬の間、土の中で眠っていた虫たちがもぞもぞ穴から出てくるころ。

虫たちだけでなく、草花も春の準備を始めます。

ということは、私たち人間の身体も春の準備を始める、と考えるのが自然ですよね。植物の春の準備は、芽を出したり根を伸ばしたりですが、人間の身体で春の準備といえば血流がよくなることと、デトックス。

この時期に、熱を出す方は割と多いのですが、それは体調を崩した、無理をした、だけではなく、身体からのデトックスのサインかもしれません。

というのは、血液のフィルター役をしてくれているのが腎臓なのですが、このフィルターにたまっていた老廃物などを除去するときに発熱が起こるのです。

年末年始で暴飲暴食しやすい時期を経ての、この時期は、大量の老廃物が体内にたまっているため、その除去作業中のサインとして、発熱や膀胱炎が起こりやすくなるのです。

余談ですが、この時期の膀胱《ぼうこう》炎は寒くて水分をあまりとらないからなりやすい、ということもあるかもしれませんが、暴飲暴食でも膀胱炎になりやすいということを特に女性は頭の隅に置いておくとよいと思います。

といいますのは、男性よりも女性の方が膀胱炎になりやすいからです。

私自身も膀胱炎になりやすい体質で、以前は年に何度も病院にお世話になっていました。

体質改善のためにいろいろ調べ、学んだことのなかに、暴飲暴食が膀胱炎の原因になるということもありましたので、お伝えさせていただきました。

余談ついでに発熱のことをお話しさせていただきますと、発熱は身体の細胞が菌と戦ったり、体内の老廃物を排泄除去するためなど、必要があって起こるものなのです。

私が子どものころは発熱すると注射をうったり、熱冷ましを飲んで熱を下げていましたが、最近は熱が出ても様子を見たり、できるだけお薬を出さない方針の病院が増えましたね。

それだけ見ても医療はどんどん変化変容していることが分かります。

今、治療の常識とされていることが、果たして数年先はどうなっているのか、まったく予想もつかないですよね。

春分　しゅんぶん　3月20、21日～

春のエネルギーが最高潮の日。

昔から『暑さ寒さも彼岸まで』といわれているように、三寒四温を繰り返していた気温もおおよそ安定してきます。

春のお彼岸の真ったただ中のこの時期は、実はぎっくり腰が多い時期でもあります。

お引越しシーズンだからということもあるかもしれませんが、もしかしたら肝臓・

胆のうが疲れているからかもしれません。

年末年始の暴飲暴食が落ち着いてきたころに、送別会シーズンとなり、肝臓に負担がかかってくると、胆のうにも負担がかかります。

目の疲れや頭痛がするときは、重いものを持ち上げないようにされた方がいいですね。

また、肌荒れも多い時期。

ホコリや杉などのアレルギーが原因でも肌荒れは起こりますが、肝臓にたまった不要物を廃棄するために摂取した油分を皮膚から出そうとしている作用で肌荒れを起こすこともあるのです。

肝臓や胆のうのケアとして、鉄分多めのメニューを心がけるとともに、春の味覚である苦みのある山菜などもおすすめです。

セルフケアとしては、左手を肝臓部に当ててしばらく横になったりゆっくり腹式呼吸をする、貼るカイロを着衣の上から貼っておくことが効果的です。

この時期に原因不明のイライラが増えたと感じる場合は、肝臓に負担がかかっていることが多いので、食生活などの生活習慣を見直すと共にセルフケアを心がけてください。

清明

せいめい　4月4、5日〜

『清浄明潔』の略語です。

空気が澄み渡り、お天道さまも明るく世界を照らし、すべてがクリアに見える、という意味で、ここから清明という言葉が作られたといわれています。

文字が表す通り、日差しが強くなり始めますので、命あるものすべてに氣が満ちてくる感じがしますね。

本格的に温かくなりますので、お出かけする日も増えます。

でも、気を付けて！

日差しが日に日に強くなってくるということは、うっかり日焼けなどしないよう紫外線対策をしなければいけない時期が来たということでもあります。

日焼け対策として日焼け止めも必要ですが、実は日々の水分補給が何より大事ということはご存知でしたか？

生魚は焼けにくいですが、干物はさっさと焼けますよね。

それと同じです。しっかり潤っているお肌の方が、乾燥しているお肌より紫外線ダメージが少ないのです。

日焼け止め、日傘、手袋、お帽子などの日焼け止めグッズに加え、お肌の水分補給ケアも忘れないでください。

穀雨

こくう　4月20、21日～

この時期の柔らかな雨は大地を豊かにし、穀物を生み育てます。

このころから立夏前日までの約18日間が春土用となります。

土用については、別項で詳しくお伝えしていますので、そちらの記事をご参考になさってください。

夏の節気　夏の六候

立夏

りっか　5月5、6日～

この日から夏が始まります！

風薫る五月、五月晴れ、と、五月には爽やかですがすがしい言葉がよく使われますね。

でも、その一方でやる気がない、心が晴れない、身体がダル重い、食欲がなくなってきた、という、いわゆる五月病といわれる症状が出るのもこの時期なのです。

この五月病。

メンタル的要素が大きいため、対処の方法や予防ができにくいとされてますよね。

でも、暦をうまく使えば対処できる、または予防対策ができるかもしれません。

といいますのも、立夏は毎年5月5日の端午の節句前後。

このころから気温が高く、最近は暑いぐらいになってきますよね。

急な気温の変化は、頭で思っている以上に、体に負担がかかっています。

徐々にたまった負担は疲れが抜けきれない、首や肩の張りやコリというような
『すごく体調が悪いわけではないけれど、なんかしんどい』

という状態が続く原因になります。

こんな時には、睡眠をきちんととることが一番効果的。

もちろん常日頃から夜更かしはいけませんが、疲れを感じたら無理せず、早く休むよう心がけてくださいね。

小満　しょうまん　5月21、22日～

陽気がよくなり草や木がよく繁るころ。

フレッシュでやわらかな新緑の美しさから、生い茂るという言葉がぴったりの万緑

の時期に入ります。

立夏から小満にかけてだんだん気温が上昇してきますが、もう一つ、この時期に気温とともに上昇するものがあります。

それが五月病を引き起こす一つの要因かもしれません。

その正体は、湿気。

この湿気が気分をブルーにさせるといっても過言ではないのです。

なぜなら湿気が多いと不快に感じるということもありますが、湿気で汗が出にくいため、膵臓《ひぞう》に負担がかかりやすいからなのです。

膵臓が弱ってくると、脳にも影響が出やすく、それが五月病を引き起こす一つの要因かもしれません。

といいますのも、膵臓の役割はインシュリンの分泌です。

このインシュリンは、食べ物を分解して糖にするのに必要なもの。

糖は脳の大切なエネルギー源なので、膵臓がうまく働かないと、脳に糖分が足りなくなります。そうなると必然的に脳の働きが悪くなり、マイナス思考になりやすいのです。

立夏あたりから食欲が落ちてきたら、要注意。

お腹がすいていないのに無理やり食べたりせず、消化のいいもの、温かいものなどをゆっくり食べるようにして胃の調子を整えつつ、入浴の際はシャワーだけで済まさずきちんと浴槽につかる、足湯、岩盤浴などで体内の汗をだすようにすると、膵臓の負担が減り、インシュリンもきちんと分泌されるようになるので、脳の働きも活発になります。

また、気分が乗らない時は無理してお出かけせず、お家やお部屋でのんびり、ゆっくり過ごされることも大切です。

芒種

ぼうしゅ　6月5、6日～

「芒」は稲などの穂先のことをさします。こういった作物の種を植える時期という意味ですが、現代の種まきはもっと早くにされることが多いですね。

気温と湿気がぐんぐん上がるこの時期、エアコンを使うことが増えますね。

エアコンによって汗をうまくかけないことが続くと不整脈が出るなど、心臓の動きに不調が出やすくなります。

お風呂に入った時は必ず浴槽に浸かる、外出時は一枚羽織るものを持ち歩くといった対策とともに、血液サラサラ成分が豊富な玉ねぎやゴーヤ、スパイスたっぷりのお料理を食べるなど、食べるものもお気を付けくださいね。

また、この梅雨時は身体が緩む時期でもあります。

梅雨時は湿気が多いため、治ったと思っていた痛みがぶり返すとよく言われます。

これは悪化したのではなく、身体が緩むことで治りやすい状態になっていることが多いのです。

痛みは、身体が送ってきた治療開始の合図と思ってくださいね。

夏至　げし　6月21、22日～

夏のピーク。梅雨の真っただ中なので太陽の姿を見ることは意外と少なかったりしますが、昼の長さが一番長い時期になります。

暑い時期は汗をよくかきますね。

そんな時、ついつい冷たい飲み物を飲む機会が多くなりませんか？

同じ冷たいものでも、食べ物と飲み物では身体の冷え方が少し違います。

食べ物は咀嚼するので少しはお料理の温度が上がりますが、飲み物はダイレクトにお腹が冷えてしまうのです。

お腹が冷えると身体の血行が悪くなるため、手足が冷えて、逆に頭が火照ってきます。そうなると、さらに冷たいものが欲しくなる、という悪循環に陥ってしまいますよね。

これがお水やノンカフェインのお茶ならまだいいのですが、カフェインやアルコールだと体内の水分を体外に出す作用もありますので、さらに悪循環。

これが身体にいいわけがありません。

冷たい飲み物の飲みすぎのダメージを強く受けるのが腎臓なのです。

腎臓は、身体の不要物や老廃物を水分とともに体外へ排泄させる役目があります。大量に不要物が投与されると、一生懸命働いている腎臓も疲れてきます。人も過労になると倒れてしまうのと同様、腎臓は過労状態が続くと機能が低下し、機能不全になってしまいます。

飲み物は常温か、氷抜き、冷たい食べ物はしっかり咀嚼することを心がけてくださいね。

また、お酒を召し上がるときは、お酒と同量のお水を飲みながら飲まれることをお勧めします。

ちなみに、お酒の時のお水はチェイサーといいますが、日本語では「和《やわ》らぎ水《みず》」といいます。

はんなりした雰囲気がありますので、私はチェイサーというよりも「和らぎ水」と言う方が好みです。

小暑 しょうしょ 7月7、8日〜

梅雨が明けて、夏本番。太陽の光も強くなり、夏本番になっていきます。

汗をかくと身体の水分が失われ、尿も濃いものが排泄されることが多いですよね。この時期、意外に気づきにくく、いろんな身体のトラブルの原因になるのが便秘。夏の暑い時は、体内の水分不足に加えて、冷たいものの食べ過ぎ・飲みすぎで、身体の冷えから腸の動きが悪くなり、便秘になりやすいのです。

便秘は肌荒れ、食欲不振、呼吸が浅くなる、という症状を引き起こしますし、便秘がひどくなると、臭いおならや口臭の原因となることはご存じかもしれませんね。

さらに、便秘が常態化されると、トイレでいきむことが多いため、痔や脱肛、子宮脱といった症状を引き起こす原因にもなるのです。

また、よく便秘になる方で勘違いされているのが、食物繊維と脂質の摂取方法。

食物繊維は取ればいいのではなく、脂溶性と水溶性があり、バランスよく摂取するのがいいとされていますね。

ですが、そもそも水分不足の身体に食物繊維を摂取しても、成分は分解されないため、そのまま残ってしまいます。

食物繊維は腸で吸収されないため、逆に便秘を悪化させたり、もしくはガス腹となって、お腹がぱんぱんに張ってしまうこともしばしば。


便秘は便秘だけにとどまらず。様々な病気を引き起こす原因となります。

そうならないためにも、まずは水分摂取、冷えないこと、この二点を意識されるようにしてくださいね。

こちらでお伝えいたしましたことを含め、色々試されてみて快便の結果が出ない場合、腸がねじれていたり、何か別の原因が考えられます。

小さいころから便秘だから仕方がない、いつものことだ、などといってあきらめず、放置せず、症状に応じて、腸セラピーなどのマッサージを受ける、病院で診察してもらうなどの対策をしてください。

大暑　たいしょ　7月22、23日～

一年で最も暑い時期になります。
大暑から立秋の前日までが夏土用の期間。
土用についての詳細は別にまとめてありますので、そちらをご覧くださいね。

さて、土用は季節の変わり目になります。
そのため、身体の中でも新しい季節の受け入れ態勢に入ります。
『季節の変わり目には風邪をひきやすい』
という言葉を見聞きされたことはありませんか？
こちらは、端的に土用時期の身体の変調を言い表しています。
土用は季節に属さない時期。
他の四季よりもデトックス症状が起こりやすいのです。

デトックス作用として体内では、各臓器が老廃物や不要なものを分解して除去したり、排泄という形で排出させる、ということが起こるのですが、その中で、古くなった赤血球の破壊、除去を担当しているのが脾臓になります。

夏土用はこの脾臓のケアが効果的。

心臓や肝臓といったメジャーどころの臓器ではない脾臓ですが、古くなった赤血球の破壊以外に、体内に入ってきた病原菌やウイルスから身体を守ったり、血小板《けっしょうばん》を貯めておくという大切な働きをしてくれています。

そんな脾臓がいちばん忙しいのが夏土用の時期。

働くからにはもちろんエネルギー源となるものが要りますよね。

脾臓にとっては、根菜類やにんにくがエネルギーとなります。

にんにくは炒め物にいれたり、定番の煮物やサラダで。また発酵食品のお漬物や、疲れや食欲不振に効果的なクエン酸が取れるピクルスなどもいいですね。

秋の節気　秋の六候

立秋　りっしゅう　8月7、8日〜

暦の上では秋ですが、実際にはまだまだ厳しい暑さも続きますね。ということは、冷房による身体の冷えもピーク。

手足や腰、膝の冷えは感じやすいのですが、盲点になっている冷えが二の腕、首、そして背中になります。

うつ伏せに寝て、首の骨がぽこんと出ているところから背骨に沿って仙骨（おしりの上の方にあるペタンとした三角の骨）まで、着衣の上からカイロやレンチンできる湯たんぽなどを載せて、身体の裏側全体を温めてみてください。

思いがけないほど冷えていることに驚かれるかもしれません。

また、私は「ホットサンドお手当」と言っていますが、カイロを2枚用意し、膝は膝前のお皿と膝裏に当てたり、足首の前の部分とアキレス腱に当てるというお手当をお勧めしています。

膝の表裏と足首を温めると、足のだるさや重さが抜けますので、むくみもとれやすくなりますよ。

温めながら、足裏マッサージをされるとより効果的ですね。

冷えは万病のもと。

その日の冷えはできるだけ当日中に発散できるようにしてください。

処暑 しょしょ　8月23、24日～

二十四節気の中では、暑さがやわらぐ季節となっていますが、まだまだ暑い日がつづきます。

身体の冷えとともにこの時期注意していただきたいのは、眼精疲労です。

スマホはパソコンよりも目が疲れることは、ご存知の方が多いですよね。

通勤・通学時、休憩時間、調べものだけではなく、中にはお風呂やトイレなど、四六時中と言っていいほどスマホを見ていますので、酷使されている目はどうしても疲れてしまいますよね。

それだけではなく、エアコンの影響と体内水分の減少からドライアイや眼精疲労になる方が非常に多いです。

目の疲れは目だけで終わらず、頭痛や肩や首のコリ・張り・痛みにつながります。

また、イライラしたり、不安になったりと、身体だけではなくメンタル部分にも悪い影響が出やすくなります。

目を温めるのもいいのですが、頭全体のマッサージがよく効きますよ。

特に後頭部を強めに押していくと、痛い部分があります。

そちらをゴリゴリもみほぐすと目がスッキリしますのでおすすめです。

でも、一番大事なのは、寝る1時間前にはスマホを見ないなど、生活習慣の見直しである、ということは言い添えておきますね。

白露　はくろ　9月7、8日～

全国的に秋の気配が少しずつ漂う時期になりました。

陰陽のバランスも、陰の氣が色濃くなってきます。

残暑厳しい時期ですが、急に気温が下がる日もあります。また台風のシーズンでもありますね。

残暑、エアコンからの冷え、急激な気温の変動、台風による気圧の変化と、体調管理が難しいこの時期は、自律神経が一番乱れる時期と言っても過言ではありません。

自律神経が乱れると起こる症状としては、

・イライラする　・集中力がなくなる　・やる気が出ない
・疲れやすい　・不安　・ドキドキしやすい、止まらない
・不眠　・朝起きられない　・めまい

というような、どちらかといえばメンタル的な症状を思い浮かべられると思いますが、

・ドライアイ　・眼精疲労　・光をまぶしく感じる
・頭痛　・肩こり　・便秘または下痢
・耳鳴り

というような身体の症状が出る場合も多いのです。

それらの症状が進んでいくと、ひどい場合には鬱になることも。


自律神経は、身体の全身の器官に関わりがあります。そのため、乱れてしまうと全身の機能が支障をきたし、色々な症状を引き起こします。

しかし、その不調の原因が、自律神経の乱れであると特定されるまでには、婦人科、内科、メンタルクリニックなどを何軒も回ることが多いようです。

それでも改善されない時には、カウンセリングに通われたり、整体やマッサージに通われたりします。また、ヒーリングやスピリチュアル系の施術に傾倒される方も多くいらっしゃいます。

なぜこんなに、人それぞれに色々な行動をとってしまうのでしょう。

まず考えられるのは、自律神経の乱れは、血液検査などでは分からないからですね。

そして一番のネックは、ほとんどの方が、自分の自律神経が整った状態を知らないということではないでしょうか。

自律神経が乱れていることを認識するためには、自律神経が乱れていない状態を体感すること。そして、普段から自分で自律神経を整えることが大切です。

医療機関やお薬、カウンセリングなどを否定するわけではありませんが、セルフケアができるに越したことはありません。

でも、そのセルフケアが、難しかったり、時間とお金がかかったりすると続かないですよね。

セルフケアの一番のポイントは簡単で、続けられること。

そこで私がおすすめしたいのは「自分でできる自律神経調整法」のひとつである『**神門メソッド**』です。

神門メソッドとは、耳つぼ秘孔である『神門《しんもん》』を使った、いつでも、どこでも、誰にでもできる調整法で、なにより効果が自分で体感できますのでおすすめです。

簡単に神門式耳引っ張りの手順をお伝えしますね。

①耳の上部にあるY字形の軟骨のくぼみに「神門《しんもん》」といわれるツボがあります。
神門に人差し指の先を当て、前と後ろから挟みます。
この時、人差し指の腹がY字形の軟骨のくぼみにはまるように押さえ、
親指の腹で耳の裏を挟み持ちます。
②神門をこするように、少し強めに３回外側に引っ張ります。

詳しくは、こちらのサイトをご覧ください。
神門堂公式サイト　http://www.shinmondo.com/

え？　これだけ？と思われましたか？
これだけなんです。
先にもお伝えいたしました通り、簡単ですし、これなら続けられると思われません
か？

自律神経の乱れを整えるには他の身体の不調と同じく、食生活を含めた生活習慣の見直しが必要です。

悪い習慣を改善するだけではなく、耳引っ張りを生活の中に取り入れる、ということも生活習慣の見直し作業になるのではないでしょうか。

セルフケアとして耳引っ張りをご紹介いたしましたが、自律神経調律師による耳引っ張りのイベントは、全国各地で開催されています。

こちらを読んで、耳引っ張りにご興味を持たれた方や体験してみたい方、お近くで開催された際は、ぜひご参加くださいね。

秋分 しゅうぶん　9月23、24日～

秋の氣がピークに達する秋分の時期は、体内の水分コントロールが乱れる時期でもあります。

この時期は毎日の気温が一定しないので、汗や尿として排出する体内の水分をうまくコントロールしにくくなってしまいます。

その結果、便秘や下痢といった便のトラブルが起こったり、膀胱炎になりやすくなったり、時には寝汗をいつもより多くかくことで風邪をひきやすくなったりします。

また、涼しい日が続き、急に暑い日が来ると一気に汗が吹き出ますよね。一気に吹き出た汗は老廃物が多いので、よく汗をかいている時よりも臭いが強い汗になります。

何度もお伝えしていますが、お風呂に入った時は湯船につかることと、運動など身体を動かして身体を温めることを心がけてくださいね。

秋分は秋のお彼岸の中日。

お墓参りに行かれてお墓掃除をされると、身体を動かしますし気分もすっきりします。何より、ご先祖さまが喜ばれますのでお勧めですよ。

お墓が遠い場合は、お近くにある同じ宗派のお寺にお参りください。ご本尊さまにお名前をお伝えして先祖さまのご供養をお祈りされますと気持ちが通じます。

こういった、お墓参りなどのご先祖参り、神社やお寺にお参りすることは、気持ちの安定を取り戻すことにつながります。

心のケアは身体のケアと同じぐらい大切。

体調が悪くなると心も不安定になりがちです。

まずは身体のケア。そして心のケアを心がけるようになさってくださいね。

神社・仏閣コーディネーターという肩書を持ち、神社参拝をおすすめしたり、お困りごとのご相談をお受けする仕事をしている私が言うのも変なのですが、心が不安な時こそ、まずはしっかり身体のケアを、それからお墓参り、神社・お寺参りを心がけてください。

鑑定やカウンセリングがダメだとは言いませんが、これらはあくまでも参考意見であって、どうするかはご自分が決めること。

自分では決められないから占いの結果に従う、ということは、他人に人生を任せてしまっていることになります。

身体のケアと同じく、心のケアもセルフケアが基本。

どうか、このことを忘れないようになさってくださいね。

寒露

かんろ　10月8、9日〜

野山の草木についた露が凍ってしまうほど冷たい空気が漂い始める、という意味ですが、現在ではちょうどいい秋の気候の時期ではないでしょうか。

秋の気配とともに訪れるのが、乾燥ですね。

手のカサカサで季節の変わり目を感じ、あわててハンドクリームを購入されたご経験はありませんか？

もちろん夏のエアコンの風でも手は乾燥しますので、乾燥対策は常にされている方がよいのですが、やはり人間、何かあってからしか動けないもの。

乾燥を感じ始めるこの時期からケアされる方が多いのではないでしょうか。


『人の身体のパーツで、まずどこを見られますか？』

という質問をすると、男性・女性問わず、顔全体という答えが多いのですが、

『身体のどこを見て年齢を判断しますか？』

という質問では、圧倒的に手を見るという答えが多いのです。


顔はスキンケアをしますし、お化粧や髪型である程度の年齢詐称ができます。

でも、手はごまかせないですよね。

年齢不詳のモデルさんのような美しい手を作るには、日に当てないように手袋をして、できるだけ家事をしないことが第一前提なのでしょうが、普通の主婦にとってはそんなことができるわけがないですよね。


私は人前で話すことが多いという仕事柄、顔と同様、もしかしたらそれ以上に手を

見られることが多いかと思います。

かといって、子どもがいる家庭の主婦でもありますので、手のケア優先の生活もしていられません。

頼りになるのはハンドクリームなのですが、肌が割と弱いので、赤ちゃん用でも内容物によっては肌に合わない場合があります。

また、香料系の匂いが非常に苦手なので、使えるハンドクリームがなかなかないのと、あっても高いものだったり、取り扱っているお店が限られていて非常に不便でした。


そういう事情で色々試行錯誤した結果、以下のようなケアをするようになりました。
・ハンドクリームではなくこまめに化粧水をつけること。
・お風呂に入る前は乳液を手になじませ、ぬるま湯で洗い流してから入浴する。
・洗顔やシャンプーの後、しっかり手を洗い流す。
この化粧水ケアの一番便利なところは、塗った後すぐに何かしらの作業ができることですね。

また何度も化粧水を塗りますので、手のマッサージにもなります。


手は年齢だけではなく、身体の健康状態が現れます。

手だけで身体の状態を知る整体施術があるほど、手は健康のバロメーターなのです。

一年中手のケアをされることがもちろん良いのですが、乾燥を感じるこの時期から始めても遅くはありません。

私のケアもご参考にしていただき、ぜひ、ご自分に合った手のケアをなさってください
ね。

霜降
そうこう
10月23、24日～

秋の気配が深まり、急な温度の変化もほぼなくなるこの時期は、夏の暑さで一時的に落ちていた食欲が盛り返し、食欲がわいてきます。

それを狙ったかのように、この時期は新製品のスイーツが発表されます。しかもそれが期間限定ともなれば、ついあれもこれもと買ってしまい、食べ過ぎてしまう方は少なくないかと思います。

恥ずかしながら私もその中の一人です。


霜降の時期は秋土用と重なります。

土用はもともと胃に症状が出やすいのですが、食欲の秋と重なるこの時期は注意が必要なのです。

特に、夏に食欲がなくなった方は要注意。

胃液が薄くなっていたり、胃が弱っていたりするので、食欲が出たからといって、急にもりもり脂っこいものを食べたりしないようにしてくださいね。

スポーツでは準備体操が必要なのと一緒で、胃も食べ物を受け付けられるように準備が必要です。

胃が弱っている時は、温かいもの、食物繊維が少ないものを選ばれることをお勧めしますが、何を食べるにしても、一番大事なことは咀嚼《そしゃく》。

よく噛むことなのです。

「一口30回」と聞いたことはありませんか？

それが理想なのですが、なかなか難しいですよね。

せめて一口目だけ、そして気づいたときだけでも30回噛むようにしてみてください。

しっかり行う咀嚼は胃にも優しいですし、便秘解消につながります。

健康は咀嚼から。

胃に不具合が起こりやすい土用こそ、胃にやさしい、そして健康を維持できる咀嚼に意識を向けてみてはいかがでしょうか。

冬の節気　冬の六候

立冬　りっとう　11月7、8日～

冬の始まり。とはいえ、気候は上がったり下がったりで、体調が落ち着かない時期でもあります。

体調が落ち着かないということは、メンタルも不安定になりやすくなってしまいます。

ドキドキしたり、緊張感や不安感を感じることが多くなりますので、自分の機嫌を自分で取ることを心がけてくださいね。

人に合わせすぎない、嫌なことは嫌と伝える、といった心の自分軸を意識してください。

自分軸を感じるためには、身体を動かすことが一番です。

ウォーキングやランニングもいいですし、お散歩でも十分効果的。

寒い時期ですから自宅で筋トレもいいですね。


落ち込みやすい方におすすめなのは、トランポリン。

こうやってお伝えしていますが、私はかなり落ち込みやすい性格で、些細なことが気になってドキドキすることがあります。

そういった時、誰にも会いたくないので自宅で運動するのですが、握力が15ぐらいしかないため、息子の筋トレ用のダンベルを使ったりやベンチプレスをするのは、危険極まりない自殺行為。

無理せず、身体全体がほぐれ、運動神経があまりなくてもできて、短時間でできる運動はトランポリンなのです。

数分でもいいので、ぴょんぴょん飛ぶと、身体のバランス感覚が取り戻せますし、肩や肩甲骨が緩んで楽になりますよ。


ただ、マンションにお住まいの方は、階下の方へのお気遣いはお忘れないようになさってくださいね。

小雪　しょうせつ　11月22、23日～

各地から雪の便りが聞かれますが、しっかり降り積もる時期ではないので小雪といいます。

そろそろ全国的に寒くなりますので、ブーツの出番が増えますね。

この時期は、意外と足がむくみます。

また、かかとがカサカサしてくるのもこの時期ですね。


足のケアは皆さん、どうされていますか？

足湯、マッサージ、圧迫する靴下などでしょうか。

足は意外とケアできていません。

まず、一日靴にぎゅっと詰め込まれていた足の指を広げましょう。

足の指と指の間に手をいれて、ゆっくり足首を回すのがいいですね。

お風呂に浸かっている時するように習慣化されるといいですね。

女性は右足の方が固まってしまいがちなので、右足は念入りに回してあげてくださいね。

回した後は、足の裏全体をマッサージしてください。

特に足の指の付け根に多いのですが、マッサージしている手に感覚として「ブリブリ」と感じる箇所があったら、それは足の裏のむくみです。

このブリブリ感が無くなるよう、足の指からかかとに向けて流すようにマッサージをしましょう。

足裏マッサージの後、裸足で床に立つと、床が吸い付くような感覚が得られますよ。

大雪 たいせつ 12月7、8日～

冬将軍到来といったところでしょうか。木枯らしが吹く時期でもありますね。

寒い日が安定して（？）続きだすこの時期は、のどの渇きを感じないので、急に水分を取らなくなります。

それでも平気な体質の方もいらっしゃいますが、基本は水分不足は身体に不調を引き起こしやすくなりますので要注意。


その中でも一番不調になりやすいのが、膀胱です。

この時期、排泄する尿が夏と同じぐらい濃くなっていたら要注意。女性の方は排泄時に特にご注意くださいね。

これは、私が診療していただいたときに先生から言われたのですが。膀胱炎になりやすい女性は、ウォシュレットのビデの使用頻度が高い方が多いようです。

不潔にしろとは言いませんが、清潔にしすぎると自浄作用も減ってしまいますので、膀胱炎になりやすい方はあまりビデを使いすぎない方がいいとのことでした。

話がそれてしまいましたが、のどが乾かない時期は時間を決めて飲み物を用意するなど水分補給を心がけてくださいね。

冬至

とうじ　12月21、22日～

陰の氣の日。

この日を境に陽氣に転じるという意味の「陰極まれば陽になる」という言葉が使われます。お寺などで一陽来復のお札が配られるところもあります。


冬至は12月末。年末と言ってもよい頃ですね。

この時期は大体の方が肩が上がってます。

12月は師走《しわす》。

この字からも、なんとなく気ぜわしい雰囲気が伝わりますね。

忙しいとき、身体も前のめりになりやすく、肩が上がった状態になります。

このため、肩が凝ってしまうのと、常に肩が前の方に来ているので胸が開かず、呼吸が浅くなってしまいます。

そんな時は、

・手をだらっと下ろし、内・外と手のひらを回すように手首を回転させる
・首に手の平を当てて手を軽く固定し、肘を大きく回す

この2つの運動がおすすめです。

こうすると、肩甲骨がほぐれますので、縮こまっていた胸が開きやすくなります。

よく、手を大きく回している方を見かけますが、あの運動は肩こりや肩甲骨をほぐすにはあまり有効ではありません。

また、肩をたたいたり強い力で揉むことを私はおすすめしていません。痛みや張り・コリを感じた部分は、やさしく撫でさする方が良い効果を与えます。

身体は魂の入れ物だと私は考えています。

大切な魂の大切な入れ物である身体は、優しく取り扱うようにしてくださいね。

小寒　しょうかん　1月5、6日〜

寒の入り。

本格的な冬の到来とはいえ、まだ寒気は弱いので小寒といわれています。

この時期、気を付けていただきたいのが塩分・糖分の取りすぎ。

もちろん、塩分・糖分の取りすぎはいつも気を付けていなければいけないのですが、特にこの時期は身体が排出・排泄にたいして鈍くなるため、身体にたまりやすくなります。

という身体の状態なのに、お正月過ぎの小寒は、つい暴飲暴食になりがちな年末年始を経て、新年会シーズンに突入します。

街中では、新年会プラン・3時間飲み放題付き4、800円！などと書かれた看板やチラシが目につきますね。

だいたいそういったお料理は、だれもがおいしいと感じるように塩分・糖分が多めで、かつ、脂肪分も多くなっています。

そして、飲み放題だとつい飲みすぎてしまうのは人の常。

恐いのは、こういったときに食欲が増すことなのです。

食べ過ぎが続くと、食べる量がどんどん増えていく、という感覚はないですか？

よく「胃が大きくなった」といわれますが、間違いです。

これは、食べ過ぎにより、消化・吸収ができないため、食べているのに体に栄養が回っていない状態になっているからなんですね。

栄養失調と言ってもいいかもしれません。

また、糖分のなかでもお砂糖をたくさん使った甘いものは、取らないようにすることがなかなかできないという依存のような作用があります。

と言いながら、私も甘いものが大好きなので、絶対食べないようにすることはつらいのですが、だらだら食べない、一日の量を少し減らす、などの対策をとるようにしています。

甘いものを控える一番のおすすめは、一番好きなスイーツを購入すること。

適当に手近にあるものを食べるのではなく、自分が食べるものを厳選していく。

そうすると、満足感が得られますので、たくさん食べなくてよくなります。

自分用に厳選されたものを食べる。

それがコンビニスイーツでも、駄菓子でも、デパート地下スイーツでも、手作りでも何でもいいのです。

選ぶときのポイントはただ一つ。

高いものではなく、あなたが食べたいもの。

これだけを心がけると、甘いものからの糖分摂取は少し減っていきます。

大寒

だいかん　1月20、21日〜

寒さが最も厳しく降雪が一番多い時期。

冬土用になり、立春を迎えます。秋土用でもお伝えしましたが、基本的に土用は胃と脾臓に負担がかかりますのでご注意くださいね。


大寒卵《だいかんたまご》といわれる卵があります。

小寒の寒の入りから大寒までに生まれた卵を寒卵というのですが、大寒の日に生まれた卵を大寒卵と呼び、食べると金運が上がるといわれています。

これは、今の養鶏施設と違い、昔は寒いと鶏は卵を産まなかったのでもともと貴重品とされていたことに由来するようですね。

また、この時期のお水は腐りにくいことから、その水で味噌を仕込む地方もあります。

季節的にはインフルエンザが流行りますね。手洗いうがいは欠かさないようになさってくださいね。

うがいやマスクの着用は、ウイルス対策や予防には有効ではないといわれていますが、のどの乾燥を防ぎ、湿度を保つためには有効です。

この冬土用を超えると、立春。

また新しい二十四節気の始まりです。

＊　＊　＊

この章では二十四節気の紹介と、その時期に起こりやすい身体の症状、それに対するお手当方法などをお伝えいたしました。

思考を整える、心を整える、などとよく言われます。

でも見えないものを整えることは難しいと私は思います。

整っていても見えないので、今、自分のメンタルが整っているかいないかは分かりづらいのではないでしょうか。

でも、身体の不調を取り除くことで、本来あるべき自分の身体になります。


まずは身体の不調を整える。

思考は後からついてきます。

第三章 「五節句」は「愛」を知る日！

五節句とは

一年間の移ろいを表す言葉としては、四季の春夏秋冬、月名などが代表的ですが、他にもいろいろな言葉があり、その種類によってそれぞれカテゴリー分けされています。例えば、季節の節目である重要な日を節句《せっく》といいます。節句は五種類ありますので、五種の節句＝**五節句《ごせっく》**というカテゴリーになりました。五節句はもともと、中国の行事でしたが、それに日本の風習が合わさって今伝わっているような行事になったといわれています。その説に沿って少し解説いたしますね。

五節句は全て奇数月に存在します。これは、中国では昔から物事を陰と陽に分けて考えることが多く、数字も同じように陰陽に分かれるから、ということですね。偶数を陰、奇数を陽としており、陽の方が縁起の良い数字とされていますので、この五節句も陽の月になっているとされています。

3月3日、5月5日など、陽の月とその同じ数字の日が重なる五節句は月日を足すと偶数になりますね。

偶数は陰となりますので、季節の植物を使って陰の氣を払うという風習ができました。

…という説明が、中国由来説に基づいたものになります。

これは割とよく見聞きするかと思われますが、何事も諸説がありますよね。

ということで、五節句についてのもう一つの説をお伝えいたしますね。

もうひとつは、もともと日本には五節句という風習があったという説です。

「ホツマツタヱ」という文献があるのはご存知でしょうか？

ホツマツタヱとは、古事記と日本書紀の元となったといわれるものなのです。

つまり、ホツマツタヱは、古事記や日本書紀のプロトタイプということになりますね。

そのホツマツタヱの中に、五節句の日取りについて、桃の節句や七夕などの各節句の由来も全て記載されているのです。

暦に限らず、風習などで由来がわからないことは、とりあえず中国由来にしておいて、あとからいかにもそれっぽいことを由来説明に採用するということはよくありますよね。

でも、少し調べてみると、もともとは全く違うことだったり、由来が不明なため、推測的な意見がそのまま定着してしまうことも多々あります。

五節句の由来も、中国由来が正しい、いや、ホツマツタヱが正しい、と言い切れないところがあります。

どちらも取り入れながら、うまく生活に融合して今の形態になったのではないか、というのが私の推察するところです。

でも、今回私が五節句についてお伝えしたいのは、それだけでないのです。

暦というと、難しい、昔の人が使っていたもの、というような自分とは遠い存在、自分にはあまり関係がないもの、と思われる方も多いと思います。

確かに一昔前はともかく、現代社会では迷信や風習めいたことはどんどん少なくなり、暦の存在自体知らない方もいらっしゃるでしょう。

でも、五節句だけは五つすべてではなくても、暦の上の行事である、と意識することなく、小さいころから年中行事として自然に生活に根差していたんですよ。

大安や仏滅は知らなくても、上巳《じょうし》の節句である桃の節句では、お雛さまを飾り、お雛さまに桃の花を飾り、ハマグリのお吸い物やちらし寿司を食べる。

端午の節句のこどもの日には、こいのぼりを立て、しょうぶ湯に入り、柏餅や粽を食べるなど、そういった思い出はありませんか？

暦を知る、読み解く、ということは、ルーツや語源、使い方などを知り、運氣を取り込むということでもありますが、それだけではなく、私は、毎年同じ時期に昔、自分が参加していた年中行事を思い出すことでもあると思っています。

懐かしい情景を思い出すことで、ご両親はじめ、おじいさまやおばあさまから大切にされていたという、紛れもない事実を改めて知ることになりますよね。

暦は、縁起のいい日を調べたりするだけではなく、人それぞれの歴史を「受けつぐ」「伝える」という一面を持っているといえるのかもしれません。

節句の日に食べたごはん、その時の自分の服装、お母さんとの会話、もしかしたら何かのにおいが記憶に残っている方もいらっしゃるでしょう。

五節句は季節の節目であるとともに、普段は忘れがちな『自分は大切に育てられた』ということを思い出す大事な日である、という新しい視点でとらえた考え方も定着すればいいなと思っています。

では、その五節句を基本的には、一般的に語られる中国由来の説でご説明し、時々ホツマツタヱの説を交えながらそれぞれ詳しくお話ししていきますね。

五節句

人日《じんじつ》の節句

1月7日

七草粥《ななくさがゆ》を食べる日として定着していますね。

これは、1月7日に七種類の野菜をいれた羹《あつもの》(スープ)を食べる習慣があり、それが日本に伝わって七草粥になりました。

五節句が江戸幕府公式行事と認定されてからは、将軍さまや御台所はじめ大奥の方々も七草粥を召し上がったそうです。

では、なぜ「人の日」と書くのでしょう。

中国では1日から6日までそれぞれ担当動物の日があり、その日はその動物を殺さないようにしていました。

7日目が人の日、つまり人日で、7日は刑罰を処することはなかったようです。

元旦はお屠蘇《とそ》を頂き邪気を払うとともに、やはり一年の始まりを祝う特別な日ということもありますし、1月の節句としてもともと七草の風習があった人日になったのでしょうね。

上巳《じょうし》の節句

3月3日

桃の節句ともいわれ、女の子の節句となっています。

雛人形を飾り、子どもの成長を祝うこの行事は、源氏物語に登場しますので、平安時代には宮中貴族の中ではもう既に定着していたようですね。それがだんだん広まり、江戸時代に入ると一気に庶民にも広がり、今のような行事になったようです。

いつの時代も、子どもを思う親の心は変わりませんし、子どもの成長にお金を費やすことも変わっていませんね。

それにしても、この時期はたくさんきれいなお花が咲き始めるころなのに、なぜ花の節句ではなく桃の節句なのでしょう。

これは、ホツマツタヱ説の方でお話ししますね。

その昔、モモヒナギさんという男の子と、モモヒナミさんという女の子の幼馴染の神さまがいまして、ある時苗木を植えました。

3年経つと、その木は美しい花が百《もも》に（たくさん）咲き、実も百に（豊に）実りましたので、その木をモモと名付けたということに由来します。

そして、成長した二人はやがて結婚という運びになったのですが、その日取りがモモの花咲く3月3日でしたので、モモの節句は3月3日となりました。

とてもざっくりですが、数ある花の中で桃が選ばれた理由をお伝えいたしました。

もともとは女の子のお祭りではなく、婚姻関係をきちんと結ぶという意味合いがあったんですね。

端午《たんご》の節句

5月5日

子どもの日ともいわれ、女の子の節句である上巳に対して男の子の成長をお祝いする日ですね。

こいのぼりを飾りますが、外国の方からすれば、なぜカラフルな魚を飾っているのかと、かなり衝撃的な光景に見えるそうですよ。

こいのぼりを飾るのは、『鯉は滝を上り、やがて龍となる』という登竜門の語源になっている中国の故事に倣っています。

立身出世を願う気持ちを表しているんですね。

お節句というと、上巳の節句とこの端午の節句の2つだけを指すことが一般的ではないでしょうか。

七夕《しちせき》の節句

7月7日

「しちせき」といわれると、何かと思ってしまいますが「たなばた」というと親しみがわきますよね。

織姫さまと彦星さまが一年に一度、天の川で逢うことが許されているけれども、雨が降れば叶わない、というロマンティックな言い伝えがありますね。

これは中国の昔話ですが、日本にも棚機女《たなばたつひめ》の伝説があり、この二つが混ざり合って七夕の節句となりました。

さて、この棚機女さま。いろんな説があるのですが機織《はたお》りが得意だったということでは一致しているようですね。

実は、アマテラスオオミカミが天岩戸《あまのいわと》に閉じこもった原因になったのが、この機織りなんです。

スサノオノミコトが、皮をはいだ馬を機織り部屋に投げ込み、それに驚いたワカヒルメが立ち上がった際に陰部に機織機が刺さり、亡くなってしまったということがありました。

また、アマテラスが出てきてくれるよう、色んな作戦が練られた中に、新しいお召し物を織って用意するということも入っていました。

このように、機織りは女性のたしなみであるとともに、神事の中の一つであったといえますね。

重陽《ちょうよう》の節句

9月9日

陰陽道で極数である九が重なる、という意味で重陽と名付けられています。

菊の節句ともいわれる重陽の節句は、平安時代には観菊会を催したり、菊の花に綿を載せて朝露を吸わせ、その綿で身体をぬぐって無病息災を願ったり、菊の花を散らした菊酒を飲んだりしていました。

また、栗ご飯を食べて不老長寿を祝うならわしもあります。

今では知っている人が少なくなった節句ではありますが、江戸時代では五節句の中で一番公的な行事とされていたんですよ。

世の中が変われば、暦の扱いも変わるということでしょうか。

第四章 「雑節」は「感謝」する日！

雑節《ざっせつ》とは

二十四節気・五節句などの暦日の他に、季節の移り変わりを分かりやすく把握できるよう設けられた暦日のことで、五節句とともに二十四節気の補足説明的な役割をしています。

雑節の中には、中国が起源のものと日本独自路線のものが混在しているのですが、どちらにしましても、日常生活や農作業の目安として生活に根付き、定着しているものです。

そのため、見聞きしたことがある言葉が多く見受けられるかと思いますが、では何をするのか、なぜこういった行動に出るのかまではご存じないと思います。

こちらの章では、そんな地味派手な存在の雑節の解説をしていきますので、改めて言葉の意味を知るとともに、昔の人たちが何を伝えんとしていたのか、すこし思いを馳せていただけるとよいかと思います。

節分
せつぶん

季節を分ける、と書いて節分。

今では立春前日の節分しかフォーカスされていませんが、本来は春夏秋冬の4回あります。

節分には「追儺《ついな》」「鬼やらい」といって、各地に災難を払う厄除けの行事があります。

追儺そのものは、平安時代には定着した行事だったようで、「枕草子」や「源氏物語」にはその様子が記されています。

昔は立春が新しい年始めと考えていましたので、立春前日だいたい2月3日の節分には無病息災を願う風習があったと考えられます。

そういった風習の中で、現代まで引き継がれている代表格が豆まきでしょう。

おせち料理の「まめ」は「一年をまめにすごせるように」との意味がありますが、豆まきの「まめ」は「魔滅」に通じる意味があります。

昔は季節の変わり目には邪気という魔物が宿ると考えられており、それを滅するものとして魔滅→豆が使われたのでしょう。

煎り豆を使うのは、生豆は芽が出てくるので、それで払っても邪気の芽がまた出てくる。祓うからには、もう芽が出てこないようにしよう、という考えだからのようですね。

豆まきの時「鬼は外、福は内」という掛け声が一般的かと思いますが、成田山新勝寺では、境内に鬼はいないから「福は内」のみの掛け声でいいというならわしがあります。

また、家の人のどなたかお一人でもご帰宅されていない時に豆まきをすると、その方が鬼ということになるからと、ご家族そろわない時は「福は内」だけ言うなど、豆まき一つとってもいろんなバリエーションがありますね。

豆まき以外では、イワシの頭を柊《ひいらぎ》の枝に刺したものをお玄関に飾ることも割と有名でしょうか。ただ、私の実家ではあまり見かけませんでしたし、私自身も飾ったことがないです。

風習は、大きなくくりで見ると、基本的には地域によって違うと思いますが、各地域の中でも、より細かい地域ごとに少しづつ違っていることも多いです。

さらには各ご家庭によっても違う場合さえあるのに、最終目的（この場合は〝節分で邪気を払う〟）自体はみな一緒、ということは、日本人のいい意味でのいい加減さが表れていて、とてもいいことだと思います。

つまり、節分に限らず**暦を使うということは、「幸せになるためにどうしたらいいか」だけにフォーカスし、「幸せになる手段は人それぞれです」。究極はそういうことが、暦に書かれてあるもの**なんです。

「目的達成のためには、こういう方法もあるよ」

「これをしたらいいんじゃない？」

という事柄が経典ではなく、質疑応答でもなく、季節の流れに沿って淡々と記載され、「こうしなければいけない」のではなく、

「こういう方法あるよ！」

「そうなんだ！　うちは違うけどね」

「へぇ～ウチはこんなことやりますよ」

という一般論と少数派が並行して存在し、お互い認め合い、否定しあわない、という日本独特の寛容的な関係性が、節分をはじめとした暦の中でもしっかり根付いていてい

るということになりますね。

と、少しお話がそれてしまいましたので、節分にまつわるお話に戻りますね。

煎り豆で追っ払われるという、なんともかわいらしい鬼ですが、その姿は頭に角を2本生やし、寅のパンツを履いているというものが一般的です。

なぜそんな姿が定着しているか、色々諸説はありますが、こちらでは陰陽五行説をお伝えさせていただきますね。

鬼はどこから来るでしょう？

方角にそんなに詳しくない方でも「鬼門《きもん》」という言葉を見聞きした方はいらっしゃるかと思います。

鬼の門と書く鬼門は、北東の方角になります。

この北東を別の言い方で『艮』と表記するのですが、この漢字の読み方が鬼の姿の答えになります。

この漢字は「うしとら」と読みます。

ウシとトラ。その姿を思い描くと、ウシには角が2本あり、トラはしましま模様をしていますよね。これが鬼の姿となります。

そして、その対極を守っているのは申・酉・戌となります。

この組み合わせ、どこかで聞いたことはありませんか？

サル、トリ、イヌを連れて、鬼を退治しに行った人がいましたね。

三太郎の一人「桃太郎」さんですね。

桃太郎は桃だけに夏のお話ではありますが、鬼の例えとして引用させていただきました。

節分のお話から少し飛びましたが、ただ単に怖そうだから角を生やしているわけでもなく、強さの象徴でトラ柄のパンツを履いているわけでもない。

諸説あるとはいえ、想像上の魔物にだってきちんとした由来があるということは、暦を読み解くことと並行して、もっと多くの人に知っていただき、言い伝えていっていただきたいと思っています。

彼岸
ひがん

彼岸の入りから24日までの七日間を**お彼岸**と言います。

お彼岸は、三月の春分の日、九月の秋分の日を挟んだ前後三日間、それぞれ七日間で先祖供養の法事を行う期間です。

お経を頂くところもありますし、ご家族でお仏壇を清めたりお墓参りをするところもありますが、仏教の発祥の地であるインドには、このような先祖供養の風習はなく、日本独自の行事となっています。「源氏物語」にも登場するところをみると、平安時代にはもう定着していたようですね。

そもそも彼岸とは、川の向こう側「あちらの岸」の世界のこと。

あちらの岸の世界とは、お釈迦さまの教えを守ったり善行を積み上げたりして悟りを開けた、幸せな世界のことをいいます。

その世界に渡ることを「彼岸に至る」といい、サンスクリット語で「パラミタ」といいます。

般若心経のワンフレーズ「般若波羅蜜多《はんにゃはらみた》」の「波羅蜜多」の部分です。

あちら側の世界である彼岸に対し、私たちが住んでいる世界は「此岸《しがん》」といい、こちら側の世界。

こちら側の世界は、生老病死に代表される色々な悩みや苦しみが多い世界とされています。

さて、お彼岸にはぼたもち・おはぎをお供えする風習があります。これは諸説ありますが、

・おもちは五穀豊穣に通じるから

・小豆の赤が邪気を払うから

ということに加え、昔は甘いものが貴重だったため、特別な日にしか頂けなかったことに由来するようですね。

このことから、おはぎをお供えするのは、ご先祖さまに対して最高のおもてなしの気持ちを表すためでもあるのではないでしょうか。

ちなみに、ぼたもちとおはぎ、これはほぼ同じものであるという認識でよいと思います。

なぜ同じものなのに違う名前になったかは、牡丹の花が咲く春は「ぼたもち」、萩の花が咲く秋は「おはぎ」という、とされることが多いようですね。

その他諸説ありますが、私はこのお花にちなむ説が一番好きです。

お彼岸は先祖供養の時期とはいえ、近頃はお墓や実家から離れて暮らしているため、なかなかお参りができない方も多いですね。

私は実際にお墓に行けなくても、ご先祖さまをしのんで手を合わせ、

「いつもありがとう。おかげさまで生きています」

と思うことも、ご供養の一つになると思っています。

また、お子さんに、お祖父ちゃんやお祖母ちゃんの思い出話などをしてあげるのもいいですね。

また、身体のお手入れをする、いたわるということも先祖供養につながると私は思っています。

ご先祖さまがいなければ生まれてくることもありません。

身体を大事にすることは先祖供養につながる、ご先祖への感謝につながるという思いで日々過ごされると、違法な薬物の摂取だけではなく、お酒の飲みすぎ、たばこ、暴

飲暴食などといった身体を痛めつける行為を、もしかしたら避けられるかもしれませんね。

先祖供養というとなんだか堅苦しくて難しいようですが、色々な形で、ご先祖さまを思い出したり話題にされることがよいかと思います。

社日

しゃにち〈しゃじつ〉

社日は、あまり耳にしたことがないのでご存じないも多いと思いますが、これは「しゃにち」（または「しゃじつ」）と読みます。

社日は、産土神さまを祀る日で春と秋、年に2度あります。

春の社日を「春社《はるしゃ（しゅんしゃ）》」

秋のものを「秋社《あきしゃ（しゅうしゃ）》」

という場合もあるようです。

毎年の春分・秋分に一番近い戊《つちのえ》が社日になりますが、戊と戊の中間に春分・秋分が来る場合は前の戊にする場合と、春分・秋分の瞬間が午前中なら前の戊に、午後ならば後に、という決め方もあるんですよ。

「社」とは、元々土地の守り神、土の神さまを表していますので、この日は、産土神《うぶすながみ》さまにご参拝し春には豊作を祈願し、秋には収穫に感謝します。

島根県の安来市には「社日町《しゃにちちょう》」という地名が残っていて、神話の国に近い土地柄を感じます。

八十八夜

はちじゅうはちや

「夏も近づく八十八夜」という歌で有名な八十八夜は、立春から数えて八十八日目にあたる日になります。

もうすぐ立夏という時期なのですがたまに遅霜が降りることもあり、その様子は「八十八夜の毒霜」「九十九夜の泣き霜」と言い伝えられています。

これは、八十八夜は農作業上、茶摘みや種まきなどの目安とされているからで、そんな大事な時期に霜が降りると大打撃を与えるから、ということで、農家の注意喚起を促すために特別に記載されているのです。

江戸初期の伊勢暦には、八十八夜の記載があったので、かなり昔から言い伝えられていたのでしょうね。

入梅《にゅうばい》

梅雨入りのことですね。

日本と違って広大な国土をもつ中国では、同じ国でも気候が全く違うため、あまり重要視されなかったようです。

昔は梅雨入り宣言ということもされていましたが、今は「○月○日に梅雨入りしていました」というような発表に変わりましたので、日本でも今後は言葉として残るだけのような暦になりそうですね。

半夏生
はんげしょう

入梅から約20日後にあたります。

半夏《はんげ》という漢方薬の材料となる名前の草が生えてくるから、半夏生という名前が付けられたといわれています。

半夏生は、このころまでには田植えを済ませましょう、という農作業の目安になっています。

私の実家の方では、半夏生を「はげしょう」「はげしお」と呼んでいて、サトイモが入ったおはぎを食べたり、田植えの時期でもありますので、タコの酢の物とアラメの煮物を食べる風習がありました。

タコは、植えた苗がしっかり地面に吸いついて倒れないように、アラメは新しいい芽が出ますように、と二つとも願いを込めた祈りの食卓だったんですね。

今でも農家さんだけでなく、試合に勝ちたいときは「カツ丼」など、ゲン担ぎの食事は多いのではないでしょうか。

言葉遊びとも見えるこのゲン担ぎの食事。

でも、お遊び以上に、言葉に込められた祈る思いを受け継いでいきたいと、今はそんな風に思っています。

土用《どよう》

土用というと、夏の「土用の丑の日」が有名なので、夏にしかないと思われがちですが、春夏秋冬、年に4回あるんですよ。
では、そもそも土用ってなんでしょう？
土用とは、元々「土旺用事《どおうようじ》」の略語で、陰陽五行の考えに由来しています。
陰陽五行とは、森羅万象を木火土金水《もっかどこんすい》の5種類に分類したもので、季節をこれに当てはめると、
春➡木
夏➡火

秋⬇金
冬⬇水

となります。そして、それぞれの季節の間の変わり目である約18日間を「土」としたものなのです。

昔から土用の時期には、土地・家屋の購入、増築・引っ越し、土地を耕すなど、不動産関係や農作業つまり「土」に関係することを積極的に動かすのは避けた方がいいとされているのですが、これは、土用の時期には土の神さまである土公神《どくじん》(とくしん)さまがいらっしゃるからという考えからなんですよ。

とはいえ、約18日もの長い間土をさわれないのも困りますよね。

そのため、間日《まび》という日が設けられています。

間日は、土公神さまがお留守にされる日なので、土の作業をしてもよいとされています。

間日は、各季節ごとに、干支《えと》で決められていまして、

春……・巳・午・酉
夏……・卯・辰・申

秋……・未・酉・亥
冬……・寅・卯・巳
となっています。
大体、一回の土用につき4日前後ありますね。
また、夏の土用の丑の日のように各土用にも、色と干支にちなんだ食べ物があるんですよ。
それぞれ、以下の通りとなっています。
春……「い」のつくもの、白いもの
夏……「う」のつくもの、黒いもの
秋……「た」のつくもの、青いもの
冬……「ひ」のつくもの、赤いもの
平賀源内が「本日土用丑の日」と書いたものを掲げさせたのは、もしかしたらこういったことを知っていて、それを踏まえていたからかもしれませんね。
さて、先にも記載しましたように、土用は季節の変わり目になりますので、心身ともに、次の季節に向けての準備期間になります。

身体の準備の一つとして、体内にたまったものをデトックスしようとする事が多々あります。

土用期間に体調を崩す方が多いのは、このデトックス作用が働いている、ということですので、けっして無理をなさらず上手く経過させるようにしてくださいね。

また、土は土台の意味もあります。

人間の土台は身体ですね。

したがって、身体を変えること、たとえば手術や抜歯などの緊急を要するものは別として、整形手術や豊胸手術、ピアスを開けるということは避けた方が無難ですね。

逆に、身体を整えたりお手入れされるような整体やエステ、湯治などはおすすめします。

余談ですが、この時期のお財布の買い替えはおススメいたしません。

とは言え、店頭で一目ぼれしたお財布があれば、迷わず購入してくださいね。

購入しておいて、使い始めを土用明けにされると大丈夫ですよ。

こんなことばかり聞くと、土用ってちょっと嫌なイメージになってしまいますが、この土用だからこそ、いつもより効果がアップすることがあります。

それは、断捨離《だんしゃり》・整理整頓・食生活の見直しです。

断捨離をされる場合、まずは布ものを整理してくださいね！

布もの、特に下着や寝具類の断捨離は、一番の運氣ダウン予防なんですよ。

次に、本棚整理。

今までの自分を見直し、次のステップへつなげるために一番有効な断捨離です。

食生活の見直しは、バランスよい食事がとれているか、などのチェックが必要な方はそうなさってくださいね。

ここでいう見直しは、感情と食べ物の関係です。

嬉しい時、悲しい時、寂しい時、怒っている時、色々な感情をピックアップし、それぞれ、その感情の状態の時、何が食べたくなるかを書き出しましょう。

その表ができたら、最近何を多く食べているか、何を食べたいと思うことが多いのかがわかりますね。

つまり、食べ物の傾向で、自分の隠れた感情がわかるのです。

イライラするときに食べたくなるものをチェックしておき、それが食べたくなっていると、できるだけ冷静になろうと努めるか、その場をいったん離れる、理由を付けて帰宅する、など対策が取れますので大事にならないようにできます。

もちろん、食生活のことですので、本当ならいつも気を付けていることが理想ですが、そういう習慣がない方は、土用期間に一度だけでも見直しをされてはいかがでしょうか。

また、土用の時期は、お墓参りと、産土《うぶすな》さま、鎮守さまへのご参拝をなさってくださいね。

特に、受験生がいらっしゃるご家庭は、お参りされることをおすすめします。できれば受験生ご自身がお参りされることがベストなのですが、行けない場合は代理の方がご参拝されても特に差し支えはありません。

ただし、受験生ご本人に内緒でこっそり行ってはいけません。また、参拝時に少しコツがあります。

代理で来た旨を伝えること、自分は受験生本人に対してどういう立ち位置で受験期間を乗り切るのかを伝えること、この2点にお気をつけください。

「息子が合格しますように！」

ではなく、

「息子の受験期間、私は息子を信じて、健康管理のサポートをしっかりできるよう頑張ります」

といった感じでしょうか。

あくまでも、受験は受験生がされること。

自分はその受験生に何ができるか、という視点でお願い事をなさってください。

神社参拝のマナーなどは、合格祈願に限らず、土用の神社のご参拝だからといって、特にいつもと変わりません。

ご家族で行かれてもよいですし、迷ったり悩んだりしていることがあればお一人でお参りされるのもよいのではないでしょうか。

土用期間は、次の季節に向けての準備期間。

神社参拝も含めて上手く乗り切り、新たな心と体で次の季節を迎えてくださいね。

二百十日／二百二十日

にひゃくとおか／にひゃくはつか

どちらも立春から数えて、それぞれ210日目、220日目にあたる日になります。

ちょうど稲の花の咲くころ、早いところでは稲穂が実り始める時期になりますが、同時に稲に大きな被害をもたらす台風がやってくるのもこの時期になります。

明治の文豪・夏目漱石の小説「二百十日」は、まさしくその台風に遭ったことが話の軸になっています。

なお、二百十日が現在防災の日とされているのは、昔から台風被害が多い時期として認知されているから、というだけではなく、大正12年9月1日の二百十日に関東大震災が起こったことに機縁しています。

以上が基本的な雑節ですが、初午《はつうま》、三元《さんげん》、大祓《おおはらい》も雑節に入るときがありますので、ご紹介させていただきますね。

初午
はつうま

毎年2月最初の午の日を初午といい、2回目の午の日を二の午《にのうま》といいます。

初午は、お稲荷さんのお祭りの日。

これは、お稲荷さんの本社である伏見稲荷大社のご祭神さま「ウカノミタマ」さんが伊奈利山へ降臨されたのが初午の日であったことから、この日は全国のお稲荷さんでお祭りをされることになった、と言われています。

また、江戸時代にはこの日に寺子屋へ子どもを入門させるという風習があったようですね。

ちなみに、稲荷《いなり》は「いね＋なり」が語源とされており、言葉通り元々は五穀豊穣と豊作祈願の日でした。

江戸時代ごろに、お稲荷さんには商売繁盛のご神徳があると広まったことから今は、商売繁盛の方だけが伝えられていますが、お稲荷さんのご神紋は昔から変わらず、たわわに実った稲穂なんですよ。

どこかでお稲荷さんをお参りされた際、お賽銭箱などをご覧になってみてください。

三元　さんげん

一年の中で、上元《じょうげん》、中元《ちゅうげん》、下元《かげん》の3つの日を指し、もともとは中国の道教の行事であるといわれています。

三元それぞれに担当の神さまがいたり、中元は上司やお仲人さんなどに贈り物を届ける「お中元」の由来となったりと、風習的なものが消えてしまったわけではありませんが、現在はあまり三元の言葉だけではなく、風習自体も残っていないようですね。

大祓　おおはらい

細かく言えば、宮中の大祓と民間の大祓は違いますが、こちらでは民間行事としての大祓をお伝えいたしますね。

大祓は一年の罪や穢れを取り除くための行事として、今では、6月の夏越《なごし》の祓《はらえ》、12月の大祓として定着してきました。

6月の夏越の祓では、茅《ち》の輪くぐりが行われることが多いですね。

茅の輪くぐりは、鳥居や参道に笹を立て、しめ縄を張り、茅《ちがや》で編んだ大きな輪っかを建て、そこをくぐることで半年間にたまった穢れを落とし、後半の半年が無事に過ごせるというもの。

また、人形の形に切った紙に息を吹きかけたり、自分の調子の悪い個所をなでたりして穢れを移し、お焚き上げ、川や海に流す、などのことをされる神社もあります。

大祓は、一年に二度、神社に伺うだけで罪や穢れを祓ってくれるという優しいシステムであるとともに、半年間の自分を冷静に振り返り、内観する時期である、ととらえるのもいいのではないでしょうか。

〈コラム〉お盆

お彼岸とよく似た行事として、お盆があります。

お盆は暦で何かの雑節などのグループに所属している言葉ではありませんが、一般的な年中行事として周知されていますので、ここでお伝えさせていただきますね。

私の住んでいる横浜は7月にお盆の行事がありますが、全国的には8月がお盆期間ですよね。

お盆という言葉は知っていても、ではお盆とは何かと言われるとよくご存じない方が多いですよね。

こちらでは、お盆の由来とお盆期間に注意していただきたいことをお伝えしますので、ご参考になさってください。

元々お盆という言葉は「盂蘭盆経《うらぼんきょう》」というお経に出てくるサンスクリット語の

「ウラバンナ」の音訳だとされています。

ある時、お釈迦さまのお弟子さんが、自分の亡くなった母親が餓鬼道がきどうに落ちて苦しんでいることを知りました。

お釈迦さまに相談すると、

「7月15日に修行僧たちにお布施をして供養すると救われる」

と言われ、おかげで母親は餓鬼道から救われた、というお話があります。

ちなみに、「ウラバンナ」とは逆さづりの苦痛の意味があり、餓鬼道での苦しみを現しているそうです。


と、仏教上ではここまでがお盆の説明になります。

つまり、ご先祖さまが帰ってくる日というわけではないのですね。

お盆にお寺が行う施餓鬼供養《せがきくよう》が、本来の仏教思想に近いと思われます。

今のように、お盆になればあの世からご先祖さまが帰ってくる、というのは、昔の中国の思想で、それが日本の先祖供養と結びついて定着したものなのです。

元々の教えと違うとはいえ、年に何度かでもご先祖さまの存在を意識し、感謝するということはとても大切で、特に今の時代には必要なことなのではないかと私は考えています。

自分から20代さかのぼれば、ご先祖さまは100万人の方がいらっしゃいます。その中のお一人でも欠ければ今の自分はないのですから、今の自分があるのもご先祖さまあってこそ。

そのご先祖さまに感謝するとともに自分の存在にも感謝する。

お盆のお話とは少しずれますが、自分を大切にするとはそういうことからなのではないでしょうか。

我が家でも毎年この期間には改めて、子どもたちにご先祖さまのお話などを伝えるようにしています。

さて、そんなお盆ですが、ご注意いただきたいことがあります。

それは、水の事故。

お盆の帰省先やご旅行先で、海や川のレジャーをご予定されている方はたくさんいらっしゃると思います。

せっかく来たから、と、疲れていても無理をして出かけたり体力ぎりぎりまで遊んだりしてしまいがち。

そんな時は、事故が起こりやすくなります。


それは、単に体力だけのことではないんですよ。

疲れている＝憑《つ》かれているなんですね。

体力や気力がなくなってきた時、霊的なものが取り憑きやすくなります。

いわゆる未浄化霊というものかと思われます。

中でも、一番気を付けていただきたいのは中絶手術をされて供養していない方。

それは、女性だけではありません。

お相手の男性にも同じことが言えます。

昔から「盆子《ぼんこ》が引っ張る」という言葉もあります。

こういった昔からの言い伝えを非科学的だとか証明ができないから、で済ませるのではなく、今一度考え直し、先人の叡智として次世代に伝えていく必要がある、そんな時期に来ていると、私は考えています。

それはともかくといたしまして、水のレジャーをご予定されている方は決して無理をなさらないよう十分ご注意いただいて、楽しい思い出となるようになさってくださいね。

第五章 「選日」は究極の「縁起担ぎ」！

選日《せんじつ》とは

雑節に含まれないものを選日といいます。

こちらは干支《えと》の組み合わせから吉凶の判断を下すという、少しマニアックなものになります。

マニアックゆえに、今ではほとんど使われることがないものもありますが、逆に「一《いち》粒《りゅう》万倍日《まんばいび》」のように、ここ数年で急に脚光を浴びた選日もあります。

選日をお伝えする前に、この考えの元になっている干支についてお話させていただきますね。

干支とは、10種類の天干《てんかん》と12種類の地支《ちし》から成り立ち、天干は10種類あることから十干《じっかん》、12種類の地支を十二支といいます。一般的には、この十二支だけが干支として使われることが多いですね。

もう少し詳しくお話ししますと、十干は、陰陽五行の要素である木火土金水《もっかどこんすい》の氣をそれぞれ陰と陽（－と＋）に分けたもの。

十干は以下のようになります。

甲・乙・丙・丁・戊・己・庚・辛・壬・癸
の順になります。

昔は、こちらを成績などのランク表示に用いていて、今でいう「オール5」を「全甲」と言っていました。

こちらを五行に分けると、

甲　こう・きのえ　木の陽　　乙　おつ・きのと　木の陰
丙　へい・ひのえ　火の陽　　丁　てい・ひのと　火の陰
戊　ぼ・つちのえ　土の陽　　己　き・つちのと　土の陰
庚　こう・かのえ　金の陽　　辛　しん・かのと　金の陰
壬　じん・みずのえ　水の陽　　癸　き・みずのと　水の陰

となります。

また、十二支もそれぞれ木・火・土・金・水に分類されます。

十二支の順番で表しますと、

子↓水陽、丑↓土陰、寅↓木陽、卯↓木陰

辰↓土陽、巳↓火陰、午↓火陽、未↓土陰

申↓金陽、酉↓金陰、戌↓土陽、亥↓水陰

となり、五行のグループ分けにすると次のようになります。

木↓寅・卯、火↓巳・午、土↓丑・辰・未・戌

金↓申・酉、水↓子・亥

この十干と十二支、十干十二支の組み合わせが干支になります。

十干は甲から始まり、十二支は子から始まります。

干支の組み合わせは、天干の10と地支の12の最小公倍数で、60通りありますので、今年の干支がもう一度めぐってくるのは60年後ということになりますね。

今では、十二支だけしか言われないことが多いですが、歴史上の出来事のネーミングには、ちょいちょいこの干支の組み合わせが登場します。

一番有名なものは戊辰《ぼしん》戦争ですね。

幕末ファンの方にとっては「戊辰戦争」とは～などという説明は必要ないほど、外せない出来事ですが、簡単に説明しますと、慶応４年／明治元年から明治２年（１８６８年～１８６９年）に、明治政府の新政府軍と旧幕府軍が戦った日本国内の内戦です。

この「戊辰」が干支の言葉なのです。

戊辰戦争が起こった慶応４年／明治元年の干支が戊辰であったことから戊辰戦争と名付けられました。

ちなみに「戊辰」とは「つちのえ・たつ」の年ということです。

乙巳《いっし》の変、壬申《じんしん》の乱というものもありますね。

しかし、やはり干支がらみのネーミングで一番メジャーなものは、甲子園《こうしえん》ではないでしょうか。

こちらは開場の大正13年が甲子《きのえね》にあたり、十干も十二支も最初という縁起のいい年、ということで甲子園と名付けられました。

また、歌舞伎や浄瑠璃の演目「伊達娘恋緋鹿子」など、八百屋お七を題材にしたものでは、放火をしたお七がお白州で「私は丙午《ひのえうま》だから16歳です」と言ってしまったので極刑を免れなくなった、というくだりがあります。（江戸時代には、15歳以下の火付けは火あぶりを免れ、島流しという決まりがあったのです）

この「丙午生まれ」という一言は、干支で年齢計算していた江戸時代、ただ単に年齢を正確に伝えたということを表した一文なのですが、現代まで影響を及ぼしているとは、井原西鶴はじめ、作者や劇作家の人々も思い及ばなかったでしょう。

「丙午年の女性は気性が激しい」という迷信ができたのも、この八百屋お七からですし、明治以降もこの迷信は続き、坂口安吾の小説では丙午に生まれた男の子に炳五《へいご》と名付け、「男の子でよかったね」といわれるというシーンがありますし、夏目漱石の「虞美人草《ぐびじんそう》」では悪女である藤尾という女性を「藤尾は丙午である」と表現したりしています。

こういったことや、迷信を信じるあまり、丙午生まれの女性は縁遠くなる、破談になるなどということも少なくなかったようですね。

この迷信は、昭和まで根強く残っていて、１９６６年の出生率は前年に比べ25％も下がっています。

暦や干支について、きちんと由来がある生活習慣や風習は、時代を経るごとに形を変えて存在していたり、すたれていったりする中、まったくの迷信である丙午だけは未だに存在し続けるという事実に、不思議というよりは、集団心理の恐ろしさを感じてしまうのは私だけでしょうか。

簡単にと言いつつ非常に長くなってしまいましたが、どれだけ干支の組み合わせが身近に存在し、かつ、重要視されていたかはお分かりいただけたかと思います。

ということで、お待たせいたしました。

選日についてお話させていただきますね。

八せん　はっせん、はちせん

これは、正しくは「八専」と表記します。

暦の中で、壬子《みずのえね》の日から癸亥《みずのとい》までの12日間の内、同じ氣が重なる日が丑・辰・午・戌の4日間をのぞく8日間のことで、一年に6回あります。

除いた4日のことは「間日《まび》」といいます。

同じ氣が重なることを同氣《どうき》といい、それが8日ありますので八せんという名前になりました。

同氣自体は珍しくないのですが、それが一定の時期に集中しているということは陰陽師的に意味があると思ったのか、わざわざ「八せん」というカテゴリー分けをしたようですね。

同じ氣が合わさると、その氣の持つ特徴の吉凶が強く出やすいとされていますので、本来は良い意味もきちんとあるのですが、婚姻関係や法事などの仏事、解体作業などの工事には凶日とされ、最近は、凶の部分だけが伝わっていますね。

間日はその作用が出ないとされていますので、攻める時は同氣、休む時は間日というように、緩急つけて物事を進めていく時に八せんをうまく使われるといいですね。

十方ぐれ　じっぽうぐれ

甲申《きのえさる》〜癸巳《みずのとみ》までの10日間をさします。

この10日間のうち8日間は相刻で、相談事や交渉事はまとまらないとされていますが、カレンダーに記載されることもめったにないため、今ではほとんど見聞きすることはないですね。

このように、言葉自体は残っていても実際には使わなくなった暦注は結構多くあります。

現代では考えられないほど、はるかに陰陽道や暦が日常生活に根付いていた平安時代ですら、そういったものに振り回される人のことを嗤《わら》ったお話があるぐらいです。

　ましてや、科学が発達し、医療も日進月歩の進化を遂げている現代社会で、吉方位だから、吉日だからとこだわりすぎると生活しづらいですし、そういった行動が過ぎた人を傍《はた》から見ていると、クレクレ星人のようでみっともないと思うのは私だけでしょうか。


　それはともかく、数ある暦の中でも由来が正しいかはともかくとして、説得力があったり、使い勝手が良いものが残り、使い勝手が悪かったり似たようなものがあるものは淘汰されてきたようですね。

　こちらでご紹介している暦も、20年先、いや10年先にはいくつか無くなっているのかもしれません。

不成就日 ふじょうじゅび

何事もなすことができない日とされていますので、婚礼、命名、お宮参り、七五三、開店などは避けた方がいいとされています。

また何事を始めたり、願掛けすることもよろしくないといわれていますので、この日はおとなしくしているのが一番のようですね。

この不成就日は、公に発行されていた暦のうち、会津暦以外には記載されていないようなのですが、非公認の暦には掲載されていたらしく、民間では用いられていたようです。

不成就日も干支の組み合わせが基準になり、大体8日間隔で設定されています。基準はきちんと設定されているのですが、この不成就日を見ると、どれだけ忙しくても約10日に1日ぐらいは休む方がいい、何事もうまくいかない日があるが、それは天の配剤で、人智の及ぶところではない、ということを教えてくれているような気がしてなりません。

天一天上
てんいちてんじょう

癸巳《みずのとみ》から戊申《つちのえさる》までの16日間は、方角の神さまである天一神が天上に上がっているといわれていますので、方角に関するタブーがない状態とされています。

何をするにも吉日であるとされる「天赦日《てんしゃにち(てんしゃび)》」とは違いますので、お間違いのないようになさってくださいね。

天一神が天上に上がっている間は、代わりに日遊神さまが下界に降りてきて人家にとどまられるので、たたられないようにお家の中をきれいにお掃除することとされています。ですから家事を一切放棄して、ぐうたらお昼寝三昧、というわけにはいかないようですね。

三りんぼう　さんりんぼう

「三りんぼう」は「三隣亡」と記載します。

建築関係全般に大凶日とされており、棟上げや柱立て、地鎮祭などは避けた方がいいとされています。

また、三りんぼうは火災に要注意の日とも言われています。

偶然でしょうか。２０１６年12月22日に、糸魚川市で大火災がありましたが、その日は三りんぼうでした。

もちろん、暦のせいで火災が起こるというわけではありませんし、常日頃から、火の元にはご注意いただくことが一番大切ですよね。

火の用心チェックは何度やっても少ないということはありません。その際に、こういった暦のタイミングを活用してチェックされるのも良いかと思います。

暦と併せまして、火の護り神さまをご紹介させていただきます。

火を護る火の用心の神さまは火之迦具土神《ひのかぐつちのかみ》といいます。

火之迦具土神はイザナミノミコトを母、イザナギノミコトを父として炎に包まれて生まれました。

しかしイザナミは、火之迦具土神を出産した際、包んでいた炎で陰部に大やけどを負い、それが元で亡くなってしまいます。

普通であれば、残された我が子を父親の腕一本で育てる、というストーリー展開になりますが、イザナギノミコトは妻を愛するあまり、死亡の原因となった我が子である火之迦具土神を一刀両断、切り殺してしまいます。

日本神話は殺戮《さつりく》、しかも子殺しの事実が文字で伝わっているのですね。

自分が炎であったために産んでくれた母親が死んでしまい、さらには自分も殺されることになってしまった火之迦具土神。

この神さまは、火というものの取り扱い方や恐ろしさを、自身の姿を通して私たちに教えてくれているように思えます。

「三りんぼう」という暦を目にされた時には、この火之迦具土神さんのことも合わせて思い出し、いつも以上に火の元をしっかりご確認くださいね。

と、ここまでお伝えしてきたのは「三隣亡」と記載する場合のこと。

江戸時代には「三輪宝」と書かれ、建築関係によいとされていました。つまり、今と真逆のことが書かれていたんですね。

なぜそんないい日から一転、よろしくない日として定着してしまったのかがはっきりしないのですが、昔の人は火を何よりも恐れており、火に特化した注意喚起を呼びかける日があった方がいい、吉日を伝えるより火の用心を伝える方が大切である、という思いの方が伝わってきているのかもしれませんね。

三伏　さんぷく

初伏《しょふく》、中伏《ちゅうふく》、末伏《まっぷく》があります。

初伏は夏至の後の3番目の庚《かのえ》の日、中伏は4番目の庚、末伏は立秋後、最初の庚の日になります。

夏は火の氣であり、金は火に負ける氣であることから凶日と設定されたのではないかと思われます。

一粒万倍日

いちりゅうまんばいび

最近宝くじ売り場でよく目にする一粒万倍日は、各月に4、5日ある数の多い暦注です。

一粒の種が万倍の実を実らせる様子から、何事を始めるのにもよいとされている一方で、何事も万倍になることから借金やものを借りることは大凶とされていますので、お気を付けくださいね。

お金などものの貸し借りだけではなく、一粒万倍日と重なる日が吉日だと運氣も倍増、凶日ならその影響も倍増するといわれています。

このところ、すっかり宝くじを購入する日として認知されている一粒万倍日ですが、他の暦と合わせて使うことができますので、組み合わせ次第でいろいろなことに使えるのですよ。

消えゆく暦が多い中、赤丸急上昇で認知度がアップしている数少ない暦の一粒万倍日。

使い勝手は抜群に良いので、今のように宝くじの購入時だけに使うのは、本当はとてももったいないのです。

一粒万倍日を起点として、他の暦にも興味を持ち、暦そのものに注目が集まるような展開、たとえば神社の御朱印集めが発端の「御朱印ガール」があったように、一粒万倍日で興味を持った方が暦を愛用し「暦ガール」が誕生する、ということも、もしかしたら近い将来起こるかもしれませんね。

犯土／大土／小土

つち／おおづち／こづち

大土は庚午《かのえうま》から丙子《ひのえね》まで。丁丑《ひのとうし》を間日にして戊寅《つちのえとら》から甲申《きのえさる》までの7日間が小土。大土と小土を合わせて犯土といいます。

これらの日に土を触ることは凶といわれていますので、建築関係のほかに、種まき、土おこしなども慎んだ方がいいとされています。

ろう日

ろうじつ、ろうにち

臘日と記載し、大寒に近い辰の日をろう日とします。

こちらは日本最古の暦である具中暦《ぐちゅうれき》というものにも記載されていたほど、昔は大切にされていました。

大寒後の戌の日をろう日としている場合もありますね。ろうは「猟」につながり、狩りで捕らえた獲物を先祖供養としてささげるお祭りがありました。

意外に思われるかもしれませんが、神社によっては、獣を供え物として用いるところもあります。

ちなみにご神事のようなことをしている方の中には、お肉を食べないという方もいらっしゃいます。私の見解では、それはその方の主義主張や体質の問題であり、神さまサイドの方からみれば、お肉を食べるか食べないかによって、何かが変わるわけではないと思います。

第六章 9割の人が知らない「干支」の話

もう10年ほど前になりますでしょうか。

「最近の若い世代は干支《えと》を知らない」

とテレビ番組で嘆いていらしたのは、とある関西の落語家さん。

知らない程度も一概ではなく、干支を「ね・うし・とら……」という音源として覚えているけど、それが何を指すか分からない人。

そもそも干支を全部言えない人。

と、様々らしいのですが、少なくとも、落語家を志すのなら、干支ぐらいは知っておいてほしいとおっしゃっていました。

年齢を干支で言うことがなくなり、年末年始ぐらいしか干支についてのニュースがない時代ですので、仕方がないとは思いますが、ちょっと寂しい気がしますね。

さて、世間から少し距離を置かれつつある干支ですが、暦にとっては無くてはならない存在なのです。

暦は干支で成り立っているといっても過言ではありません。

干支の読み方を知ると、日にち、方角の吉凶、人の性質、体質などが分かります。

でも、いきなり詳しいお話をしましても訳が分からなくなりますので、読み解き方よりも、まずは干支とはどういったものかをお伝えいたしますね。

こちらで干支の意外な事実を知ると、干支の世界へどっぷりはまってしまうかもしれませんよ。

干支とは

現在、一般的には十二支だけを干支として使われますが、本来は10種類の天干《てんかん》である十干《じっかん》と12種類の地支《ちし》である十二支《じゅうにし》から成り立っています。

この十干と十二支、十干十二支《じっかんじゅうにし》の略語が干支なのです。

十干は甲から始まり癸まで、十二支は子から始まり亥で終わります。

干支の組み合わせは、天干の10と地支の12の最小公倍数で、60通りありますので、今年の干支がもう一度めぐってくるのは60年後ということになりますね。

という干支に関する基礎知識をお伝えしたところで、ここからは、十干と十二支、それぞれについて少し詳しくお伝えいたします。

十干 じっかん

天干《てんかん》ともいい、宇宙空間を支配するものとされます。

十干とは、陰陽五行の思想によるもので、森羅万象全てを木・火・土・金・水の5つのグループに振り分け、さらにその中で陰（－）と陽（＋）を付けることで10種類にしたものなのです。

陽の氣を兄「え」、陰は弟「と」として、こちらを木火土金水それぞれの氣につけて読ませます。

例えば「甲」は木の陽の氣なので、木の兄となるため、「きのえ」と読み、同じように「乙」は木の陰、木の弟ですので「きのと」となります。

十干を一覧にまとめましたので、ご参照くださいね。

十干一覧

木：	甲	こう・きのえ	木の陽	乙	おつ・きのと	木の陰
火：	丙	へい・ひのえ	火の陽	丁	てい・ひのと	火の陰
土：	戊	ぼ・つちのえ	土の陽	己	き・つちのと	土の陰
金：	庚	こう・かのえ	金の陽	辛	しん・かのと	金の陰
水：	壬	じん・みずのえ	水の陽	癸	き・みずのと	水の陰

十二支《じゅうにし》

一般的に干支というと、現在は十二支のみをさします。
種類は以下の通りとなります。

子・丑・寅・卯・辰・巳・午・未・申・酉・戌・亥

十二支は、十干が天干といい、天や空間を表すことに対して、地支《ちし》といい、時間や方角などを表します。

十二支も次のように陰陽五行に分けられます。

十二支・順番での五行と陰陽

子→水陽　丑→土陰　寅→木陽　卯→木陰
辰→土陽　巳→火陰　午→火陽　未→土陰
申→金陽　酉→金陰　戌→土陽　亥→水陰

十二支・五行のグループ分け

木→寅・卯　火→巳・午　土→丑・辰・未・戌
金→申・酉　水→子・亥

干支のサイクル

干支は甲子《きのえね》から始まり、癸亥《みずのとい》で終わるという60種類1サイクルを延々と繰り返しています。

ところで、「今年の干支は……」とか「何年生まれ？」という言い方をしますので、干支とは一年ごとでしか動かないものと思われていませんか？

実は干支は、年以外に、月・日・時間の中でも60種類1サイクルで動いているのです。

まず月を例にとってみますね。

月は一月を睦月というなど、旧月の和名がありますが、それ以外に干支でも月を言い表せるのです。

次に、12か月の和名と干支での月名を記載いたしましたので、ご参考になさってください。

月名

1月	睦月	むつき	丑の月
2月	如月	きさらぎ	寅の月
3月	弥生	やよい	卯の月
4月	卯月	うづき	辰の月
5月	皐月	さつき	巳の月
6月	水無月	みなづき	午の月
7月	文月	ふみづき	未の月
8月	葉月	はづき	申の月
9月	長月	ながつき	酉の月
10月	神無月	かんなづき（または神在月）	戌の月
11月	霜月	しもつき	亥の月
12月	師走	しわす	子の月

年・月とくれば、次は日と時間ですね。

お子さんがいるご家庭では、安産祈願で戌《いぬ》の日に腹帯を頂きに行かれた方もいらっしゃるのではないでしょうか。

酉《とり》の市などもそうですね。酉の日に市が立つことから、酉の市という名前が付けられています。

干支で表す時間で一番有名なものは、

「草木も眠る丑《うし》三つ時」「丑の刻参り」ではないでしょうか。

この「丑の刻」は書いて字のごとく『丑の時刻午前1時から3時ですよ』という意味なのです。


干支が関係する時間の言葉をもう一つ。

老若男女、どなたでも正午《しょうご》という言葉はご存知ですね。

「正」という言葉には、「ちょうど」「まさに」という意味があります。

つまり正午とは、「ちょうど午《うま》の刻」ということなのです。

他の干支に「正」を付けた時刻の表し方、たとえば正寅や正辰という言い表し方を私は見聞きしたことがありませんので、正午は特別だったのでしょうね。

十二支を使った時間の分け方には何種類かありますが、分かりやすく、今でも日常会話で使われている言葉がある十二時辰《じゅうにじしん》をお伝えいたしますね。

子➡夜半　やはん　23時から1時
丑➡鶏鳴　けいめい　1時から3時
寅➡平坦　へいたん　3時から5時
卯➡日出　にっしゅつ　5時から7時
辰➡食事　しょくじ　7時から9時
巳➡隅中　ぐうちゅう　9時から11時
午➡日中　にっちゅう　11時から13時
未➡日昳　にってつ　13時から15時
申➡晡時　ほじ　15時から17時

酉⬇日入 にちにゅう　17時から19時
戌⬇黄昏 こうこん　19時から21時
亥⬇人定 にんじょう　21時から23時

夜半や日中などは、日常会話だけではなく天気予報でも使われますね。

また、１９５２年公開のアメリカの名画「黄昏」は十二時辰がなければ、もしかしたら別の邦題になっていたかもしれません。

十二時辰があったおかげで、「黄昏」という絶妙な邦題ができたのかと思うと、なんだか不思議な感覚になってしまいます。

時刻の分け方や表し方については、他にも色々あるのですが、干支のお話の本筋から大きくずれてしまいますので、時間のお話はこのあたりでおしまいにしますね。

そろそろ本筋に戻りましょう。

干支は十干と十二支の組み合わせから成り立ち、十干の10と十二支の12の最小公倍数である60が1サイクルである、と先にお伝えさせていただきました。

その60種類はこの章の最後に一覧を載せましたのでご覧いただくとしまして、組み合わせる前の干支。つまり、十干と十二支、それぞれについてのお話をさせていただきます。

繰り返しになりますが、干支は陰陽五行という思想で振り分けられてます。

陰陽五行説が暦の根底であり、軸であるといっても過言ではありません。

でも、いきなり「甲は、陰陽五行で表すと木の陽」と言われても、どういうものなのか想像しにくいですよね。

ということで、次に十干を表すものを記載してみました。

この一覧だけでは、「自分が何を持って生まれてきたのか」は詳しく分かりませんが、漠然としたイメージをつかんでいただければと思います。

十干象意《じっかんしょうい》

甲　こう・きのえ　木の陽……原木、大木、自然の中の木
乙　おつ・きのと　木の陰……草花、つる草
丙　へい・ひのえ　火の陽……太陽、燃えさかる炎
丁　てい・ひのと　火の陰……ロウソク、種火、提灯
戊　ぼ・つちのえ　土の陽……岩板、山、丘の上
己　き・つちのと　土の陰……田畑の土、沼地
庚　こう・かのえ　金の陽……オノ
辛　しん・かのと　金の陰……ハサミ
壬　じん・みずのえ　水の陽……濁流、流れる水、洪水、豪雨
癸　き・みずのと　水の陰……池・湖、水滴、ミスト状の雨

十二支性格一覧

２０１９年は亥《いのしし》年。

暦上で正確にいうなれば己亥《つちのとい》年となります。

株の世界では「亥、固まる」といいまして、前年度の流れが固定化する年になるそうですね。

さて、「亥年生まれの人あるある」として、自己紹介や、ご自分が亥年と伝えたときの周りの反応が「亥年生まれだから、猪突猛進タイプですだよね」というものがほとんどではないでしょうか。

他の干支の場合は、そんなに「○年生まれだから……」と言われないような気がしますが、イノシシは、まっしぐらに突っ走るイメージが強いのでしょうね。

でも、それって本当かしら？と思われたことはありませんか？

「いいえ、全然思いませんよ」

といわれてしまうと、ここで話が終わってしまいますので、できれば食い気味に「ハイ‼　実はずーっと気になってたんです‼」と言っていただくと嬉しいのですが（笑）。

ここまで亥年の性格、ひいては十二支の性質や性格に興味があり、こだわってしまうのは、個人セッションの際に誕生日鑑定をするため、そこから各干支の性格が見えてきた、ということも大きいのですが、それよりなにより、私自身が、鑑定方法次第では亥年になるから、というのが最大の理由です。

私は2月3日の夜遅くに生まれましたので、基本的には前年度の干支である戌《いぬ》年になります。

しかし、出生時間を見ると戌年と亥年を挟む時間のため亥年の可能性もある、という非常にややこしい生まれなのです。

亥年と思う人からは「猪突猛進タイプ」といわれることが多々あり、違和感があったのと、猪突猛進という言葉にいいイメージがなく、嫌で仕方なかったのです。

という私の経験から、干支の動物が持つイメージから勝手に性格を決められる中で、一番誤解されやすいのが亥年ではないかと思っています。

そういった誤解を解くべく、簡易版ではありますが、干支別の本質鑑定をお伝えさせていただきますね。

先ほどの十干同様、こちらも詳しい鑑定ではなく、十二支だけでみた超簡易版ですので、ご参考程度に楽しんでいただけると嬉しいです。

干支で分かる！持って生まれたあなたの性質

子……せっかちタイプ。閑静な場所を好む。衣食に困らない人が多い。意外と好き嫌いが多い。守護本尊は千手観音さま

丑……才気あふれる弁士タイプ。万事にカンがよく器用だが、テコでも動かない頑固な一面を隠し持つ。真意が時として伝わらず誤解を生むことも。守護本尊は虚空蔵菩薩さま

寅……同世代の方が力を発揮しやすいタイプ。学問・芸事に長ける。華やかな雰囲気。

攻撃より防御力の方が高い。守護本尊は虚空蔵菩薩さま

卯……知恵者タイプ。特に商才あり。純粋さが表に出やすいので、人、特に年長者に好かれやすい。守護本尊は文殊菩薩さま

辰……賢者タイプ。人との交わりや縁を何より大事にする。他人には理解できない世界観や好みを持つことが多い。守護本尊は普賢菩薩さま

巳……記憶力抜群タイプ。自ら事を起こすことが上手い。一人の時間が常に必要。守護本尊は普賢菩薩さま

午……大器晩成タイプ。独立心旺盛。若い時の苦労が実りやすい。うまく乗せると伸びる。守護本尊は勢至菩薩さま

未……博愛主義タイプ。思い出の品をことのほか大事にする。身内びいきが過ぎることがある。守護本尊は大日如来さま

申……調和タイプ。人づきあいが抜群にうまい。芸事で稼げる。守護本尊は大日如来さま

酉……学者タイプ。頭がよく学ぶことを好み、弁もたつ。親孝行な一面も。守護本尊は不動明王さま

戌……商人タイプ。抜群の商才を持つ。人より前へ、先へという勇気が強い。守護本尊は阿弥陀如来さま

亥……慈悲タイプ。衣食住に不自由しない。旅行や引っ越し好き。可愛げがあるので嫌われにくい。守護本尊は阿弥陀如来さま

いかがでしたか？

イメージ通りだと思われる干支もあれば、意外！と感じられる干支もあったと思います。

ここまでの干支のお話は、最初に暦の軸は干支です！と言いながら、暦の読み解きではないお話になってしまいました。

でも、干支にご興味を持っていただけたら嬉しいです。

また、そこまでではなくても、干支に対して今までとは違った感覚を持つ方もいらっしゃると思います。

干支のことは、もっと詳しくお伝えしてもいいのですが、本書は鑑定用の参考書で

はなく、ご興味を持っていただくことを目的としているため、ほんの少しだけお伝えすることにいたしました。

もっと詳しく干支についてお知りになりたい方は、いろんな鑑定の方法の参考書や漫画も出版されていますので、ご自分の読みやすいものをお選びいただいて、ぜひご活用くださいね。

最後に、六十干支の一覧をお伝えし、干支のお話はおしまいにさせていただきます。

干支一覧

甲子こうし・きのえね
乙丑きっちゅう・きのとうし
丙寅へいいん・ひのえとら
丁卯ていぼう・ひのとう
戊辰ぼしん・つちのえたつ
乙巳いっし・きのとみ
庚午こうご・かのえうま
辛未しんび・かのとひつじ
壬申じんしん・みずのえさる
癸酉きゆう・みずのととり
甲戌こうじゅつ・きのえいぬ
乙亥いつがい・きのとい
丙子へいし・ひのえね
丁丑ていちゅう・ひのとうし
戊寅ぼいん・つちのえとら
己卯きぼう・つちのとう
庚辰こうしん・かのえたつ
辛巳しんし・かのとみ
壬午じんご・みずのえうま

癸未きび・みずのとひつじ
甲申こうしん・きのえさる
乙酉いつゆう・きのととり
丙戌へいじゅつ・ひのえいぬ
丁亥ていがい・ひのとい
戊子ぼし・つちのえね
己丑きちゅう・つちのとうし
庚寅こういん・かのえとら
辛卯しんぼう・かのとう
壬辰じんしん・みずのえたつ
癸巳きし・みずのとみ
甲午こうご・きのえうま
乙未いつび・きのとひつじ
丙申へいしん・ひのえさる
丁酉ていゆう・ひのととり
戊戌ぼじゅつ・つちのえいぬ
己亥きがい・つちのとい
庚子こうし・かのえ
辛丑しんちゅう・かのとうし
壬寅じんいん・みずのえとら
癸卯きぼう・みずのとう

甲辰こうしん・きのえたつ
乙巳いつし・きのとみ
丙午へいご・ひのえうま
丁未ていび・ひのとひつじ
戊申ぼしん・つちのえさる
己酉きゆう・つちのととり
庚戌こうじゅつ・かのえいぬ
辛亥しんがい・かのとい
壬子じんし・みずのえね
癸丑きちゅう・みずのとうし
甲寅こういん・きのえとら
乙卯いつぼう・きのとう
丙辰へいしん・ひのえたつ
丁巳ていし・ひのとみ
戊午ぼご・つちのえうま
己未きび・つちのとひつじ
庚申こうしん・かのえさる
辛酉しんゆう・かのととり
壬戌じんじゅつ・みずのえいぬ
癸亥きがい・みずのとい

第七章　幸せになる！「暦ごはん」

暦や年中行事にまつわるごはんとなると、ここ最近脚光を浴びているのは、節分の恵方巻でしょうか。

恵方巻については賛否がありますが、そういったことはここではさておき、暦に関係するごはんを食べると、なんだか運氣が上がる気がしませんか？

また、

「○の日には、無病息災を祈願して○○を食べる」

「△の日に△△を食べると願いが叶う」

といわれると、そんなもんかと思ったり、信じないまでも楽しめたりしませんか？

運氣が上がる第一歩はそこなのです。

楽しい気分になる、ワクワクする、とにかくやってみようと思う、というポジティブな感情が動き、実際に行動する。

このことこそ、運氣が上がる基本中の基本だということは、案外知られていません。

運氣アップは、考えるだけではなく、行動することで、より早く、より大きく、より高くなるのです。

節分の恵方巻に賛否両論あることは知っています。

また、恵方巻の由来は大阪の海苔問屋さんが仕掛け人ということも理解しています。

それでも、私は暦にまつわるごはんがあることはよいことだと考えていますので、恵方巻も含めてお伝えいたします。

節分

煎り豆

豆は「魔滅」から邪気払いとして、また「魔目」から、魔に目をぶつけるということで魔を滅するに通じるといわれています。

また「煎る」を「射る」にかけることで、縁起が良いとされる場合もありますね。

大豆をまいたり食べたりすることが一般的ですが、落花生をまくところもあります。

イワシ

節分の日にイワシを食べるのは、鬼はイワシを焼いたときの煙が嫌いだから、という説と、イワシは鮮度が落ちやすくすぐに悪臭を放つから、という説などがあるようですね。

イワシとは関係ありませんが、よく「浄化」といわれますね。浄化の方法の一つとして、火と煙を使う場合があります。一番手軽なものは、お香を焚くということでしょうか。お香は香りだけではなく、火と煙を使うことで浄化効果があるのです。それにそって考えると、イワシの焼くときの火と焼いたときに出る煙、そして匂い、三位一体で鬼除けになっているのかもしれません。

ヒイラギの葉っぱとイワシの頭を指したものを門や玄関に飾る家もあるようですが、私の実家は飾ったことがありません。その理由も分かりません。

伝統や言い伝えというものは、地方や地域によっても違いますが、各家庭でも大きく違います。

私が本書でお伝えしているのは、一般的に伝えられていること。お伝えしながら矛盾しているようですが、暦ごはんに限らず、暦について疑問がわいたとき、まずは、本書を見るのではなく、ご自分のご家庭ではどうしていたのかを思い出したり、ご両親、ご親戚の方に聞かれることをお勧めいたします。

暦ご飯や年中行事などは、何をしても、何をしなくても間違いではありません。まずはご自身がどうしたいか、どう伝えられて来たかを大事になさってくださいね。

恵方巻《えほうまき》

豆まきなど昔からの風習とともにいまや全国区のイベントとなったのは、恵方巻、巻きずしの丸かぶりですね。

こちらは、大阪の海苔問屋さんが始められたことで、歴史はそう古くはありません。元々は関西だけの行事でしたが、数年前にコンビニ大手が大々的に紹介して以来、今や全国規模のイベントになりました。

最近は、ロールケーキなども登場し、たんなるお祭り騒ぎと化していると言えるかもしれませんね。

この、節分に食べる巻きずしを「恵方巻」と呼んでいますが、では、その恵方とはどういうものかご存じでしょうか？

恵方とは、一年間の福徳を授けて下さる歳徳神《としとくじん》さまがいらっしゃる方角で、簡単にいえば、節分の翌日から次の節分までの一年間、この方角なら、なにをするにもみんなにとって災いがない吉方位、ということになります。

恵方は、その年の干支で決まります。

ちなみに平成31年2月3日の節分は南南東が恵方でした。

その他の恵方は以下の通りです。

甲《きのえ》・己《つちのと》　→甲・東北東
乙《きのと》・庚《かのえ》　→庚・西南西
丙《ひのえ》・辛《かのと》　→丙・南南東
戊《つちのと》・癸《みずのと》　→丙・南南東
丁《ひのと》・壬《みずのえ》　→壬・北北西

豆まきという、伝統行事とともに恵方巻という新しい風習を作り、それを楽しめるということは、いかにも日本人らしいと私は感じています。

恵方巻について、色々ご批判もあるようですね。

でも私は、きっかけが何であれ、家族みんなで一緒のメニューを食べることはとても良いことだと考えています。

家族で楽しくご飯を頂ければ、それだけで幸せですし、そんな家族のもとには鬼は来ないですよね。

また、恵方巻のイベントがないと「恵方」という暦言葉の存在や歳徳神さまの存在についてとっくの昔に無くなっていたかもしれないですね。

そう思うと、恵方巻が広がったことは、暦について考えたり、神さまにご興味を持ってもらえるきっかけの一つになると思っています。

毎年の節分が、皆さんにとって良い氣を招くきっかけになるといいですね。

上巳《じょうし》の節句

菱餅

昔の中国では母子草で作られていたのですが、日本にやってきて、よもぎを使ったよもぎ餅に変わったと言われています。

緑一色だったものが、明治時代になって今の3色になり現在に至っています。

緑は健康、白は浄化、赤は魔よけ、という説と、緑を大地、白を雪、赤を桃の花にたとえる説とがあります。

ハマグリのお吸い物

ハマグリは同じ模様が他にないことから、夫婦和合、縁結びの象徴としてしばしば今もお守りとして使われるところがあります。

昔の嫁入り道具として「貝桶」というものがありました。

こちらはハマグリの内側に絵を描き、貝合わせという遊び（今でいうとトランプの神経衰弱）ができるようになっています。

白酒

もともとは、桃の花を使った桃花酒を飲んでいたようです。

桃には邪気を払うという意味があることから、飲用することで体内にその力を入れるという意味で用いられたのでしょうね。

それが江戸時代から白酒の方が好まれるようになり、白酒が一般的に飲まれるようになりました。

白酒はアルコール度数が10％ほど含まれている、れっきとしたお酒ですので、お子さんにはノンアルコールの甘酒を用意するといいですね。

ひなあられ

桃・白・緑・黄の4色が四季を表現しているという説があります。

四季を表すということには、一年中娘が幸せに過ごせますように、という意味が込められています。

ひなあられは、関東と関西では見た目も味も違います。

関西のひなあられは、しょうゆや塩、海苔やエビなど色々な味のついている丸い形のあられです。

一方、関東のひなあられは、お米が膨らんだような形にお砂糖で味付けをしたもので、薄甘いポン菓子といったところでしょうか。

ちらし寿司

これまでご紹介してきた食べ物と違い、ちらし寿司に関しては由来もいわれもはっきりしないのです。

エビは不老長寿、レンコンは先の見通しをよくする、などと言われてはいますが、こちらはおせち料理をもとにした理由付けのようですね。

ただ、きれいなお色目が華やかな雰囲気を醸し出し、女の子のお祭りにぴったりということで、一般化したのではないでしょうか。

端午の節句

ちまき

端午の節句にちまきが食べられるようになったのは、春秋戦国時代の中国に実在した政治家・屈原《くつげん》の話が元となっています。

優れた政治家であった屈原ですが、陰謀に巻き込まれ、国を追われたため、5月5日に入水し自死します。

それを知った人々が、屈原の自死現場にちまきを投げ入れ供養しました。

しかし、そのちまきは悪い龍もしくは蛇が全て奪ってしまい、屈原の口に入ることはなかったのです。

あるとき、屈原の霊が現れ、悪い龍がちまきを奪っていること、悪い龍は楝樹《れんじゅ》の葉を苦手にしているため、その葉でちまきをくるんで五色の糸で縛ってほしい、と告げました。

それ以来、中国では5月5日の節句にちまきを配る風習ができたといわれます。

その風習が日本に伝わり、殺菌効果がある笹の葉でくるんだ今のようなちまきになりました。

関西と関東の違いなのか、私が見かけないだけなのか分かりませんが、関西のちまきは色も味もお団子のようなもの、関東は半透明のういろうちまきが多いようです。

柏餅

柏の木は新芽が成長するまで古い葉が落ちないことから、転じて、子どもが成長するまで親が生きている、家系が絶えない、という願いを込めて神代の昔から神が宿る木として大切に扱われていました。

古事記には仁徳天皇の后が柏の葉を摘みに行く様子が書かれています。

今のような柏餅を食べるようになったのは、江戸時代。

少し世の中が落ち着き、豊かになってきたころですね。


ところで、柏餅は葉の色が違っているものが並べられていることがあるのですが、お気づきになられていますでしょうか?

こちらは適当に色違いにしているのではなく、中の餡の違いです。

昔は柏の葉が表を向いているのは小豆餡、裏の葉を向いているのは味噌餡という決まりがあったのですが、今はお店によっても違いますね。

また、ちまきと柏餅の両方を食べる関西と違い、関東は柏餅が主流のようですね。

七夕

そうめん

七夕にそうめんを食べるようになった由来は、そうめんの元になったと言われる中国伝来の索餅《さくべい》という小麦粉料理。

古代中国で熱病が流行った際に、この索餅を供えて祀るようになったことから、一年間の無病息災を願い、7月7日に索餅を食べる風習が生まれました。

それが日本に伝わり、次第にそうめんへと変化、七夕の日にそうめんが食べられるようになったと言われています。

七夕にそうめんを食べるのは、中国伝来の由来のまま一年間の無病息災を願っての場合が多いのですが、そうめんを糸にみたて、機織り、今でいえば手芸の上達を願ってそうめんを頂くということもあります。

また、最近耳にしたのは、織姫にあやかって、恋愛成就の赤い糸としてそうめんを頂くということ。

昔からいわれがあるのかは知りませんが、恋心とずるずるすするそうめんはミスマッチのように感じながら、切実な恋心はやはり可愛いですね。

土用

土用のいわれなどについては、雑節のところで詳しくお伝えしていますので、こちらではそれぞれの土用に食べたらいいものの色と頭につく仮名をお伝えいたしますので、ご参考になさってくださいね。

・春土用：戌の日「い」のつくもの・白いもの

・夏土用：丑の日「う」のつくもの・黒いもの
・秋土用：辰の日「た」がつくもの・青いもの
・冬土用：未の日「ひ」がつくもの・赤いもの

その他、土用餅、土用卵、土用しじみ、というものもあります。

春・秋のお彼岸

おはぎ、ぼたもち

春と秋とで呼び名が変わっていきます。

春は「ぼたもち」「牡丹餅」、秋は「おはぎ」「御萩」となります。

こちらは、同じものだけれども、それぞれの季節のお花に由来した名前がついている、という説が一般的ですね。

でも、「ぼたもち」と「おはぎ」とでは違うという説もあります。

「こしあん」が「ぼたもち」、「つぶあん」が「おはぎ」という説。

また、春は牡丹の花のように丸く大ぶりに、秋は萩の花のように俵型で小ぶりにつくるとも言われています。

では、なぜお彼岸にご先祖さまへ「おはぎ・ぼたもち」をお供えするのでしょうか。

一つは、小豆の赤い色には魔除けの効果があるので、邪気を払うという説。

また「おはぎ・ぼたもち」は、もち米とあんを合わせて作ることから、ご先祖さまの心と自分たちの心を「合わせる」という意味をもたせる説。

そして、最後に1つの説を。昔はお砂糖自体が貴重品でした。

そのため、お砂糖をふんだんに使った甘いものはおもてなしの最高級の品。

お砂糖と同じぐらい貴重だった小豆ともち米も使った「おはぎ・ぼたもち」をご先祖さまにお供えすることことは、最高のおもてなしの気持ちを表したという説。

世界各国のスイーツを食べられる時代になっても、「おはぎ・ぼたもち」をご先祖さまにお供えすることは、最高のおもてなしの気持ちを表した、ということをこれからも伝えていきたいですね。

七五三

千歳飴

千歳飴は、江戸時代に浅草寺で紅白の棒状の飴を「千年」とネーミングし、売り出したことが発祥といわれます。

もう一つは、こちらも江戸時代の浅草寺で、飴売り屋が紅白の棒状の飴を「千年飴・寿命飴」と売り出したことが始まりともいわれています。

七五三祝いの飴の袋に「千歳飴」と書かれているのは、この「千年飴」に由来すると云われます。

昔は、現代のように子どもの生存率は低く「千年・千歳」と名付けることで、長寿の願いをかけていたのでしょう。

子どもの長寿を願う気持ちは今も昔も変わりません。

千歳飴の袋のデザインが、昔ながらの「鶴や亀」「松竹梅」などの絵柄の袋に入れられているのは、親が子どもの長寿と健康を願う気持ちの表れと言えますね。

冬至

かぼちゃ(「ん」が2つつく食べ物)

冬至といえばかぼちゃですね。

かぼちゃでも悪くはないのですが、本来は「ん」が2つつく食べ物を食べるということなので、かぼちゃではなく「南瓜《なんきん》」を食べるという言い方がより正確です。

「ん」が2つつけばいいので、南瓜のほかに銀杏、寒天などもありますね。うどんもいいとされています。

んが1つしかついてないのですが、もともとうどんは「饂飩」と表記し「うんどん」と呼んでいましたので、その名残でうどんでもよいとなっています。

冬至は寒い時期でもありますので、かぼちゃを入れたほうとう風のおうどんなどは身体が温まってぴったりなのではないでしょうか。

おわりに

日本には「しきたり」「古来から」「京風」「江戸前」などといった「昔ながら」といわれる行事や思想がたくさんあります。

それがいつからなのか、なぜこういったことをするのか、はっきりわからないものも多く、本著でお伝えしていることの中にも、意外にも明治維新とともに取り入れられたものが多々あります。

でも考えてみると、こういったことは今に始まったことではありません。

日本人は常に「これまであったもの」と「新しいもの」の双方をうまく融合させ、どちらを排除するわけではなく、すんなり生活に取り入れてきました。

その典型的な例が、神道と仏教の習合ですね。

お寺の中に神社のお社があり、神社の中に御仏さまがいらしたりすることは、外国の方にとっては、ありえない状態のようですが、日本人にとっては特に珍しい光景ではありませんよね。

年中行事の中には、科学が発達し、情報があふれるほど出回っている現代社会でも、因果関係がわからず、数字で表せるものでもなく、なぜこういったことをするようになったのかの由来すらわからないものが存在しています。

由来が記載されていても「諸説あり」となっているものが多いですよね。

このように、暦で伝えられていることは、由来や意味合いがはっきりしないものもあるままで、受け取り方や活用方法が時代とともに変容しながら、生活の中に取り入れられています。

それはなぜだと思われますか？

日本人の持って生まれた豊かな精神？

それもあるでしょう。

地理的要素、民族性、様々な理由が考えられます。
もちろん、それらは全て間違いではありません。
でもそれだけではない、と私は思うのです。
なぜ、暦はなくならないのか。
そこを考えていくと、
人は何のために行動するのか。
何のために、日々選択しながら生きているのか。
に行き当たります。

あなたの願い事は？　叶えたいことは？と聞くと、答えは十人十色でしょう。
しかし、その願い事の根底にあるものは皆同じ。
ただ一つ。

『幸せになりたい』

これだけではないでしょうか。

まずは自分の幸せを。好きな人がいれば好きな人の幸せを。
そして、子どもがいれば子どもの幸せを願う。
そのための場所として、神社やお寺があり、心や行動のよりどころとして暦がある。

私はそのように受け取っています。

暦なんていらない、という方の中には、
由来がわからないから。
迷信だから。
明治維新で明治政府が政策として取り入れたものだから。
とおっしゃる方がたくさんいらっしゃいます。

確かにそうかもしれません、というより、その通りです。

でも、だからと言って、暦に価値が無いということにはなりません。

人が幸せを願う指針の一つが暦である。

それだけで、暦の存在価値はあるのです。


暦は昔からの知恵が詰まっているのです。

その知恵とは、どうにかして幸せになりたい、子どもには幸せになってほしい、今よりもっといい世の中にしたい、そういう人たちの思い。

自分以外の人の幸せを願う思いの集まった暦は、もしかしたら聖書にも匹敵する祈りの書であるかもしれません。


しかし、諸説あるとはいえ由来があるものは由来を、言い伝えがあるものは言い伝えを、計算方法があるなら計算方法を知っている方が、同じ行動を起こすにしても深さや思いが変わってきます。

そして、もう一つ言い添えると、いつまでも昔の解釈のままでは、後世に伝わらないということなのです。

こういった解釈もできる、今の世の中はこうだからこれでもいいんじゃないか、という柔軟な発想がないと、どれだけ良いものでもすたれてしまいます。

文化や伝統の中には、そういった理由で継承されなかったものも多々あります。

私は、自分が大好きな暦がそういったものと同じようにすたれてしまうことを危惧していました。

そんな中、こうやって暦の本を出版させていただく機会を頂いたことは、喜びとともに、暦を後世に伝えていく使命を頂いたのではないかと自負しております。

本著では、私の個人的な見解をかなり多くお伝えしています。

こんなことは違う、私はこうではない、おかしい、というご意見も多々あるでしょう。

それでいい、というより、それが自然だと思います。

なぜなら、諸説ある由来や言い伝えの中の、何を知り、どのように受け止めたかで見解は違います。

私がお伝えしたいのは、**暦というものがある**こと。**暦は、ご先祖の皆さんが、後世の人たちが幸せになるように残してくれたものであ**るということ。

それだけなのです。

それをどうにかして受け入れやすく、どなたにも使えるようにするには、という視点で書いたものをまとめていただきました。

本書がみなさんの心に響き、少しでもお役に立つと嬉しいです。

能津 万喜（のづ・まき）神社・仏閣コーディネーター／起業プロデューサー

神社・仏閣の参拝ツアー、暦を使った開運法や暦の読み方を指南するセミナーを全国で開催。セッションの依頼は延べ２０００名を超え、国内のみならずドイツやカナダ等、海外からも予約が入る。

２０１２年、絵本の読み聞かせと色彩心理で起業するも思うように集客ができず辛酸をなめる。同年、ヒーラーとの出会いをきっかけにスピリチュアルに開眼。先天的に霊能体質だったことを想起し、ご神仏から受け取ったメッセージを伝えるとともに、四柱推命などを用いた命術鑑定を組み合わせた個人セッションと神社・仏閣鑑定をスタートさせると、瞬く間に全国から予約が殺到。抜群の的中率と実直な性格が人気を呼んでいる。

さらに、自律神経の調整法とクラニオ・セイクラルセラピーを習得し、クライアントの施術を重ねることで「心・魂」のみならず「身体」からのアプローチも重視するバランスの良さには定評があり、特に俳優・ミュージシャン・経営者・起業家など、自らの運勢で人生を賭けている人たちに絶大な人気を誇る。また、暦から物事に良い日を鑑定する最良日鑑定、新規の起業サポートや事業内容見直し提案などを行う起業プロデュースは、個人だけではなく企業の依頼も多い。

１９７１年大阪府生まれ。横浜市在住。三人の息子を持つ母

趣味は料理とプロレス観戦

著書に「神さまが熱烈に味方してくれる生き方」（リンダパブリッシャーズ）がある。

毎日配信メルマガ「明日の暦予報と強運お掃除ポイント」

https://www.reservestock.jp/subscribe/78349

友引《ともびき》が最高《さいこう》！

二〇一九年（令和元年）七月八日　初版第一刷発行

著　者　能津 万喜
発行者　伊藤 滋
発行所　株式会社自由国民社　http://www.jiyu.co.jp/
東京都豊島区高田三―一〇―一一　〒一七一―〇〇三三
振替〇〇一〇〇―六―一八九〇〇九　電話〇三―六二三三―〇七八一（代表）
造　本　JK
印刷所　大日本印刷株式会社
製本所　新風製本株式会社

Special Thanks to:
企画プロデュース
潮凪 洋介